杭州云栖竹径古树名木

Ancient and Famous Trees at Bamboo-Lined Path of Yunqi, Hangzhou

杨华　张红梅　沈波◎主编

中国林业出版社
China Forestry Publishing House

图书在版编目（CIP）数据

杭州云栖竹径古树名木 / 杨华, 张红梅, 沈波主编.
北京：中国林业出版社, 2025. 3. -- ISBN 978-7-5219-3124-2

Ⅰ. S717.255.1

中国国家版本馆CIP数据核字第20254R8M81号

责任编辑：张华
装帧设计：北京八度出版服务机构

———————————

出版发行：中国林业出版社
　　　　（100009，北京市西城区刘海胡同7号，电话010-83143566）
电子邮箱：43634711@qq.com
网址：https://www.cfph.net
印刷：河北鑫汇壹印刷有限公司
版次：2025年3月第1版
印次：2025年3月第1版
开本：787mm×1092mm　1/16
印张：14
字数：270千字
定价：128.00元

《杭州云栖竹径古树名木》编委会

主　编：杨　华　张红梅　沈　波

编　委：刘妃妃　陈一锋　鲍紫薇　吴云晓　蒋亚男
　　　　李诗颖　陈佳红　范李节　朱丽青　张　剡
　　　　傅　强　任志远　陈旭东　陈志伟　罗　斌
　　　　胡　磊　吕　诚　陈国胜　卢一鸣　王威寅
　　　　金建华　孙清荷　陈　琪　陈晓俊

序言

Foreword

　　古树名木具有极高的科学、生态、文化、景观及经济价值。它们历经沧海桑田、岁月变迁，始终屹立不倒，以顽强的姿态见证了春华秋实和自然盛衰，是自然资源的瑰宝，是记录当地悠久历史文化的"活化石""活文物"，是城市文化鲜活的独特标志，更是人与自然和谐共生的宝贵象征。

　　云栖竹径历史悠久，修篁绕径，古木交柯，历史文化底蕴深厚。云栖竹径的古树名木数量和种类在杭州市区内首屈一指，以枫香、苦槠、浙江楠等乡土树种为主，是我国华东地区优秀的乡土树种资源，也是杭州市优良的植物种质资源库，更构成了杭州市独具特色的天然旅游资源，极大地丰富了城市园林植物景观。云栖竹径犹如一座天然的古树名木博物馆，也成为杭城古树名木"City Wark"线路中别具特色的文化景观之旅。

　　我曾在钱江管理处工作多年，这里远离城市喧嚣，翠竹满坡，山泉淙淙，清幽而蕴含画意，从喧闹的之江路转入满目苍翠的梅岭南路，漫步在云栖竹径蜿蜒的石板路上，聆听山泉的叮咚声、风吹竹林的沙沙声，令人心旷神怡。一株株古朴优雅、姿态万千的古树屹立在眼前，根扎大地，坚实稳固。尤其是那千年的枫香树，巍峨挺拔、气势豪迈，初抬头只见其直耸入云的躯干，须得再奋力仰头才能隐约窥见全貌，每及此，深感生命之厚重和自强不息的精神。古树虽雄壮，然而保护和救助衰弱古树亦刻不容缓。在

工作期间，云栖竹径曾有一株千年古树呈现衰弱之态，我们多次邀请省市乃至全国古树保护专家为其会诊，进行科学精心救护，时刻观察和记录古树萌芽、叶片生长、落叶及枝干生长情况。如今，在钱江管理处同志们的持续保护下，这株古树逐渐恢复生机，令人倍感欣慰。

聚力保护，赓续文脉，不断厚植杭州生态文明之都特色优势。一直以来，杭州市高度重视古树名木保护工作，形成了政府主导、部门联动、社会各界齐抓共管机制，从法规、规划、导则、技术规范等多方位，全面助力古树名木保护工作走向法制化、科学化、规范化。古树名木镌刻着中华文明的源远流长。近年来，我们也不断挖掘古树故事，以更多的方式深入阐释古树名木所承载的历史、文化、生态和科学价值。古树身边发生的乡愁情思和鲜活故事，令人动容。这些城市的绿色记忆和精神内涵，成为向公众传递保护文物、关爱自然等理念的窗口，更强化了人民群众的保护意识。

如今，在《杭州云栖竹径古树名木》这本书中，编者充分挖掘了云栖竹径景区与古树名木的历史文化故事。古树名木和文物古迹、历史和人文相互交融，让每一株古树名木充满了温度。在形貌之美篇章中，专属的二维码，让每一株古树名木更加鲜活地展现在眼前。这是新一代守护人为古树名木写下的故事，故而我乐见其成，并欣然为之作序。庇荫后世，万古长青。未来，希望更多的人勇担古树名木保护使命，久久为功，让古树长青，让文化常新。

2025年1月

前言

Preface

杭州西湖风景名胜区山峦叠嶂，各具特色，历史遗迹与文化景观熠熠生辉。而在众多景点中，云栖竹径显得既静谧又热闹，它最为僻远，也因这份僻远清幽和自然景物的独特韵味，在西湖诸景中独树一帜。它最早由吴越国王于乾德五年（967）创建，曾因山洪暴发而被毁，后经明代著名高僧莲池大师重建复兴，一度成为杭州四大名寺之一。这里云雾缭绕，景色迷人，相传古时有五彩祥云在此盘旋停留。此处山深林密，翠竹成荫，山泉潺潺，地下水丰富，竹景清幽且蕴含着四季的诗意。

"竹深阴夏日，木古势干云"。在漫长的历史长河中，云栖竹径一直以其绵延不绝的竹林胜景为人所铭记，而如今，走进云栖竹径，绿荫劲秀，在那摇曳的翠竹中，一颗颗璀璨的沧海遗珠——古树名木，在人们眼前展现出夺目光彩，令人过目难忘，心生敬畏。在时代的变迁中，它们苍劲挺拔、雄浑宽阔，历经雨雪风霜，笑看云卷云舒，厚德载物。漫步在云栖竹径，在千百年来矗立的古树名木下，行走于康乾古道，仿佛穿越了时空隧道，来来往往的人们，依傍着古木，也自然而然地守护着这一方天地精灵。

作为世界文化景观遗产地，云栖竹径恰是人类与大自然共同创造的杰作。云栖竹径的古木树种和数量在杭州建成区内首屈一指，是古树名木集中保护区。云栖竹径共有古树名木120株，其中一级古树9株，名木2株；二级古树19株；三级古树90株。云栖竹径

古树名木涵盖枫香树、苦槠、糙叶树、樟、豹皮樟、槐、浙江柿、红果榆等17个树种，尤以枫香古树数量最多，共有49株，其中一级枫香古树6株，最年长的已有1030岁；二级枫香古树10株；三级枫香古树33株。2023年2月，云栖竹径枫香古树文化公园被评为浙江省第一批古树名木文化公园。

2023年7月，习近平总书记考察翠云廊古柏后，嘱咐当地负责同志"要把古树名木保护好，把中华优秀传统文化传承好"。作为杭州云栖竹径景区的直管单位，杭州西湖风景名胜区钱江管理处一直致力于保护好每一株古树名木，这是时代赋予的责任。如今，公众对古树名木的保护意识日益增强。古树名木是不可复制的自然景观和人文景观，是城市的生态名片，也是历史的见证者和地方文明的标志，保护好古树名木就是保护重要物种资源。湖山嘉木，云木参天，葳蕤繁祉千年，杭州市园林文物局、杭州西湖风景名胜区管委会在云栖竹径景区成功举办了两届杭州市古树名木主题展，云栖竹径丰富而震撼的古树名木资源得以充分展现。

有人会问，为何这里古木众多却甚少有记载？正是基于此，钱江管理处组织从事古树名木保护的工作人员着手编撰本书，全面收集调研云栖竹径景区的历史文化资源、古树名木资源、古树名木守护之路以及古树名木的形貌之美。书中的每一株古树名木均配有浙江省林业空间管理系统给予的二维码，此二维码是古树名木独特的身份标识，其中内容不擅自作更改。我们希望通过本书的编撰以及古树名木的形态展示，让更多的人认识和记住云栖竹径的古树名木，牢固树立古树名木保护意识，薪火相传，通过不懈努力，启迪后继者竭尽全力共同保护这些天地精灵、沧海遗珠，让古树名木在历史长河中继续精彩生长，枝繁叶茂，生机勃勃，让更多的人领略古树之美，参与到古树名木的保护中来，在人与自然和谐共生中，真正实现文化传承！

由于作者水平有限，虽经多方努力，书中仍可能存在疏漏之处，敬请读者和专家不吝赐教、批评指正。

编者

农历甲辰年冬月

目录
Contents

序　言

前　言

第一章 / 杭州云栖竹径历史文化资源概述 —001—

　　一、历史文化概况 —002—

　　二、人文底蕴概况 —005—

第二章 / 杭州云栖竹径古树名木资源概况 —007—

　　一、概述 —008—

　　二、种类 —009—

　　三、特征 —010—

　　四、古树后续资源 —011—

第三章 / 杭州云栖竹径古树名木守护之路 —013—

　　一、保护管理历程 —014—

　　　　（一）古树名木的守护与发展 —014—

　　（二）古树名木面临的困境　　-017-
　　（三）古树名木保护复壮方法　　-017-

二、古树名木保护复壮案例　　-020-
　　（一）枫香树　　-020-
　　（二）苦槠　　-021-
　　（三）槐　　-025-
　　（四）浙江楠　　-027-
　　（五）木樨　　-031-
　　（六）樟　　-033-

三、拓展守护路径　　-035-
　　（一）推进公众参与　　-035-
　　（二）展示保护成效　　-043-
　　（三）强化学术交流　　-046-

第四章 / 杭州云栖竹径古树名木形貌之美　　-049-

一、枫香树　　-050-

二、苦槠　　-101-

三、浙江楠　　-117-

四、樟　　-132-

五、红果榆　　-143-

六、槐　　-150-

七、豹皮樟　　-157-

八、青冈栎　　-160-

九、糙叶树　　-163-

十、银杏	-166-
十一、木樨	-169-
十二、七叶树	-172-
十三、木荷	-175-
十四、日本柳杉	-178-
十五、朴树	-181-
十六、三角槭	-183-
十七、浙江柿	-185-

参考文献 -187-

附录一 / 杭州云栖竹径古树名木一览表 -189-

附录二 / 相关政策、法规 -198-

  杭州市城市古树名木保护管理办法 -198-

  杭州市城市古树名木日常养护管理技术导则（试行） -203-

第一章 ◇ 杭州云栖竹径历史文化资源概述

中涵碧水，三面云山。杭州因湖而名，也因包围西湖的层峦叠嶂而胜。群山是西湖景区的重要组成部分，人文荟萃，为杭州的文化底蕴增添了浓厚的色彩。

西湖群山之中，五云山海拔位列第三，云栖竹径地处五云山西面山麓、钱塘江北岸梅灵南路上的云栖坞内，距离市区约15千米。这里山高坞深，竹茂林密，素以竹景的"绿、清、凉、静"四胜而著称于世，是西湖景区唯一一处以竹林景观为特色的景点。清晨黄昏，坞中常常凝云四起，彩云相逐，因此一直被誉为"湖山第一奥区"。

竹林深处闻钟磬，云栖竹径初名云栖梵径，早在李卫增修西湖景目时（1731）便被列入当时的西湖十八景之一。如今走进云栖竹径，小径蜿蜒深入，沿路翠竹成荫，古木交柯，潺潺清溪依径而下，娇婉动听的鸟声自林中传出，环境幽静清凉，令人沉醉其中，难以忘怀。

1985年，云栖竹径被评为西湖新十景之一；2023年，浙江省林业局发布了第一批省古树名木文化公园认定名单，云栖竹径枫香古树文化公园以其丰富的古树资源和重要的生态、景观、宣教、科研价值而"榜上有名"，受到广泛认可。

一、历史文化概况

云栖，位于五云山西面山麓，据说宋乾德五年（967）吴越王在此建寺时，有五彩云霞飞集于此，遂命名"云栖"。据明代《重修云栖禅院记》记载："宋乾德五年，有僧结庵以居。坞多虎。僧至，虎辄驯伏，世称伏虎禅师者是也。吴越王钱氏为之建寺，而云栖于是创始矣。"这段文字所说的是，一位僧人志逢原居于五云山顶的真际寺，因云栖坞中老虎众多，便去驯服，又常持扇入城乞钱买肉饲虎，故被称为"伏虎禅师"。吴越忠懿王钱弘俶听说了"伏虎禅师"的事迹后，于北宋乾德五年在云栖坞为伏虎禅师建寺，是为云栖寺开山之始。

明弘治七年（1494），当地连降暴雨，寺院毁于山洪暴发。直至明隆庆五年（1571），净土宗高僧莲池大师（1535—1615）相中此地，居此专修念佛三昧，一时远近闻名，延续400余年。

清康熙（1662—1722）、乾隆（1736—1795）年间，云栖寺也迎来了空前鼎盛的时期，康熙帝曾四游云栖，乾隆南巡六至云栖，均对云栖的自然和人文景观赞赏有加。

至民国时期（1912—1949），因年久失修，寺宇败落。彼时恰逢上海一大银行家居于此，建成了民国楼。

新中国成立后，景区得到了国家领导人的关怀，多位党中央领导人亲临云栖。1960年，原寺址辟为杭州市工人疗养院，寺前两幢楼阁整修为冲云楼、舒篁阁。

第一章 杭州 云栖竹径历史文化资源概述

1929年实测杭州地图（局部）

1935年杭州市地形图中的云栖竹径　　云栖竹径导游图

云栖坞航拍图

至此，云栖竹径历史绵延千余年，见证这些变迁更迭。除去满园的竹林古木，还有散布其中的御道景亭。

御道，自三聚亭始，至云栖坞止，盘亘着一条长约1千米、宽2.8米的清幽石板路，这正是当年康熙、乾隆幸游云栖的道路。新编《西湖志》中有这样一段记载："1983年，全面整修由三聚亭至休养所前路面，共改线路200米，路面宽度加阔为2.8米，并按当年'御道'规格，用石板铺面，中间镶嵌混凝土仿青砖路筋，再用青灰色花岗石作路缘石，箍紧弹石，防止啃边。"由此可见，御道的存在不仅为游客提供了游览的路线，更是云栖竹径与皇家文化联系的有力证明，体现了其在历史上的重要地位。

"亭者，停也。人所停集也。"云栖竹径沿途分布9个景亭，有三聚亭、洗心亭、景碑亭、回龙亭、双碑亭、兜云亭、遇雨亭、密云亭、皇竹亭等。它们或是记载康熙南巡盛况，或是昭示佛教的修行思想，又或只是简要描摹园中的清幽静谧……这些亭子不仅增加了云栖竹径的游览趣味，更体现了中国园林设计中"借景"的美学理念，使得游客在休憩的同时，也能感受到中国传统文化的韵味。云栖竹径的景亭连接了过去与现在，融汇了自然与人文，具有极高的历史意义和文化价值。

民国时期的云栖寺（引自《西湖老明信片》一书）

民国时期的回龙亭（引自民国项士元《云栖志》）

清末双碑亭与三棵枫香古树（费佩德摄于1910年左右）

二、人文底蕴概况

传说宋乾德五年吴越王在此建寺时，有五彩云霞飞集于此，遂命名云栖。沿坞山径屈曲，翠竹成荫，山泉淙淙，路间建有回龙、洗心等六七亭台，极似《红楼梦》中黛玉住处，却平添一份宽阔疏朗的大气。景观细致，名却起得简单易懂：云栖竹径——亦是另一种从容。清晨黄昏，坞中常常凝云四起，彩云相逐，因此也被后人誉为"湖山第一奥区"。

隆庆五年（1571），一代名僧莲池重建云栖寺。莲池，俗姓沈，名袾宏，字佛慧，明仁和（今杭州）人，未出家前是西湖一带极有名的秀才。32岁那年，他翻阅《慧灯集》时，失手打碎茶杯，忽而醒悟，于是"弃而专事佛"。剃度后，见云栖山水岑寂，便在此结茅居住。寺院重又复兴，成为远近闻名的丛林道场，人们尊莲池为"云栖大师"。明孝定皇太后还将其绘像置于宫中，礼敬有加。莲池不但是华严宗的名僧，也是净土宗大师，被列为莲宗第八祖。他一生著作丰富，对振兴明末佛教影响很大，与真可、德清、智旭并称明代四大高僧。现云栖坞遇雨亭南侧有莲池大师墓，香火极盛。

关于莲池，民间还有很多神异的传说。相传莲池初到云栖时，附近常有猛虎出没伤人，于是莲池诵念佛经千余卷，并施食于虎，虎遂不再为害。又一年，适逢大旱，莲池便卜山设坛祈雨，不久甘霖普降，百姓遂将莲池奉为神人。

莲池对云栖山水也有发掘整理之功，他时常游历附近山光水色，题诗作赋，使得原本寂寞的山水逐渐有了游人痕迹。当时著名的"云栖六景"[1]就是经他发掘而现于世人眼前的。

清帝玄烨、弘历祖孙二人，曾多次游杭，且留有不少"御踪"。康熙三十八年（1699）玄烨在云栖御题"云栖"及"松云间"两额。康熙四十年（1701）玄烨再去云栖寺，赐名寺前一竿大竹为"皇竹"，总督梁鼐就此建了"皇竹亭"。乾隆十六年（1751）弘历在云栖御题"香门净土""悦性亭""修篁深处"三额；乾隆二十七年（1762）弘历再在云栖御题"西方极乐世界安养道场"额。因康熙、乾隆对云栖的恩赐最宠，云栖寺空前鼎盛。

除了有民间传说、帝王巡游，云栖竹径还与我们伟大的无产阶级革命家、政治家——陈云同志，结下了不解之缘。

---

[1] 出自〔清〕夏基撰《西湖览胜诗志》卷之六《湖南胜迹·云栖寺》，其地有回耀、刀龙、璧观三峰，有金液、青龙、圣义三泉，号为云栖六景。

陈云第一次来云栖是在1953年的春天,美丽的西湖和幽静的云栖给他留下极为深刻的印象。此后他又30多次到云栖郊游。1987年4月,陈云来到云栖,和省市的干部群众一起参加植树。那天,他兴致勃勃地种下了三棵一人多高的香樟树。1998年,这三棵树被确定为杭州市古树名木。2004年,其中一棵香樟树被移植到上海陈云故居内。三十年来,余下的两棵香樟树茁壮成长,成为吸引游客驻足的又一特色景观。

与各地的陈云纪念地不同,云栖竹径不曾设立相关的纪念馆,更没有在密闭空间内展陈物件,而是以一种特殊的方式呈现它与这位无产阶级革命家之间的不解之缘。千帆过尽,绿载悠悠,唯有那千秆绿影中的香樟树伫立于此,诉说过往。

陈云植树碑

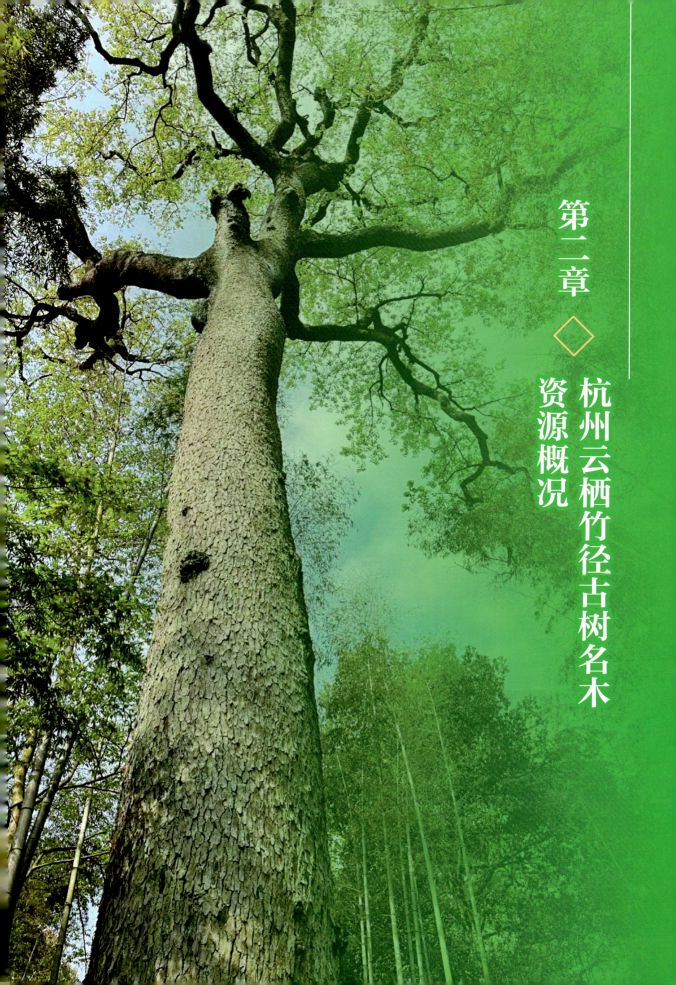

第二章 ◇ 杭州云栖竹径古树名木资源概况

一、概述

　　古树是历经千百年岁月沉淀的绿色文脉，是宝贵的自然资源，也是中华历史文化符号中的重要一环。2019年全国人大常委会修订《中华人民共和国森林法》，明确国家保护古树名木和珍贵树木，禁止破坏古树名木和珍贵树木及其生存的自然环境，古树名木的重要性不言而喻。古树指树龄在100年及以上（含100年）的树木。名木指名贵、稀有，或具有重要历史文化价值、纪念意义，或具有重要科研价值的树木。全国绿化委员会将古树分为三级：一级古树树龄在500年以上（含500年），二级古树树龄在300~499年，三级古树树龄在100~299年，本文采用全国绿化委员会的古树保护等级划分规定，名木不受树龄限制，不分级，参照一级古树进行保护。

　　云栖竹径枫香古树文化公园是一座天然的古树名木博物馆。园内古树名木数量多达120株，涵盖枫香树、苦槠、浙江楠、樟、红果榆、槐、糙叶树、豹皮樟等17个树种，是杭州建城区内拥有古树名木数量最多的公园。2023年2月，这里也被浙江省林业局认定为第一批省级古树名木文化公园。

　　万竿绿竹参天景，几曲山溪匝细泉。若说竹林是云栖风貌的外显，古树便是云栖的根骨所在。云栖竹径存有杭州市"最美枫香古树"、浙江楠"最美古树群"，古树种类之多、树龄之久，在整个杭州市区可谓独占魁首。

　　云栖竹径内的古树以枫香树数量最多，共有49株。公园内树龄千年以上的4株古树也均为枫香树，其中一株位于洗心亭处，另外三株并列生长于双碑亭旁，被市民朋友们亲切地称呼为"枫香三兄弟"，这当中最高的一株枫香树主干高达44米，粗壮可容3人合抱，仰视之可见势干云表，高不可攀。枫香树是金缕梅科枫香树属乔木，树干通直，高可达30米，是中国南方著名的秋色叶树种，深秋时节叶色红艳美丽壮观，极具观赏效果。西湖风景名胜区山林辖区内，树龄排名前五位的枫香树均在云栖竹径，且树龄皆在700年以上。

　　云栖竹径内还生长着有"杭州最美古树群"之称的浙江楠古树群。园内共有浙江楠古树14株，平均树龄110年，或三五株成群，或一两株散布于林内。浙江楠是樟科楠属植物，属于渐危种。在杭州云栖、九溪分布有以浙江楠为优势树种的常绿阔叶林，其余地区均系散生分布。1999年国务院批准公布的《国家重点保护野生植物名录》（第一批）明确将浙江楠列为国家二级保护的珍贵稀有物种，分布在杭州云栖一带的浙江楠，已划入国家重点风景保护区范围，严禁砍伐。浙江楠还是典型"树活一张皮"的生长强健的树种，园内有棵浙江楠树干内部已完全空洞，但仅依靠树皮整棵树依然枝繁叶茂。

第二章 云栖竹径古树名木资源概况

云栖竹径的古树大部分散布于石径两侧，临溪沟而立，或扎根山坎，在公园内步行不过数十步便可觅得古树踪影。在森林群落中，乔木树种的种类数目虽然远不及灌木、草本丰沛，但从整体体量上看，乔木占据了更大的中上层空间，决定了整个森林的林相基调并自然修饰出林冠线。寿逾千百年的古树往往是整个林地中最庞大瞩目的存在，对其他植物及群落整体环境都有着深远的影响。高耸的树干、宽茂的树冠、古朴的纹理、秋叶的色彩……古树各式的姿态形貌丰富了植物空间层次，彰显出独特的意境，近距离的观赏让人们对古树有了更为直观、淳朴的感受。

二、种类

云栖竹径范围内的古树名木共包括植物种类17种（具体见下表），共计120株。其中，以枫香树数量最多，共计49株；苦槠次之，共计15株；浙江楠与樟数量分别为14株和11株；其余树种数量均少于10株，包括红果榆、槐、豹皮樟、青冈栎、糙叶树、银杏、木樨、七叶树、木荷、日本柳杉、朴树、三角槭、浙江柿。

云栖竹径古树名木树种名录表

序号	古树名称	科名	属名	学名	数量（株）
1	枫香树	金缕梅科	枫香树属	*Liquidambar formosana*	49
2	苦槠	壳斗科	锥属	*Castanopsis sclerophylla*	15
3	浙江楠	樟科	楠属	*Phoebe chekiangensis*	14
4	樟	樟科	樟属	*Camphora officinarum*	11
5	红果榆	榆科	榆属	*Ulmus szechuanica*	6
6	槐	豆科	槐属	*Sophora japonica*	6
7	豹皮樟	樟科	木姜子属	*Litsea coreana* var. *sinensis*	2
8	青冈栎	壳斗科	栎属	*Quercus glauca*	2
9	糙叶树	榆科	糙叶树属	*Aphananthe aspera*	2
10	银杏	银杏科	银杏属	*Ginkgo biloba*	2
11	木樨	木樨科	木樨属	*Osmanthus fragrans*	2
12	七叶树	无患子科	七叶树属	*Aesculus chinensis*	2
13	木荷	山茶科	木荷属	*Schima superba*	2
14	日本柳杉	杉科	柳杉属	*Cryptomeria japonica*	2
15	朴树	大麻科	朴属	*Celtis sinensis*	1
16	三角槭	槭树科	槭属	*Acer buergerianum*	1
17	浙江柿	柿树科	柿属	*Diospyros glaucifolia*	1

三、特征

1. 树龄结构

云栖竹径现有古树名木中，按照树龄分级，500年以上（一级古树）的有9株，300～499年（二级古树）的有19株，100～299年（三级古树）的有90株，名木2株。如下图所示。

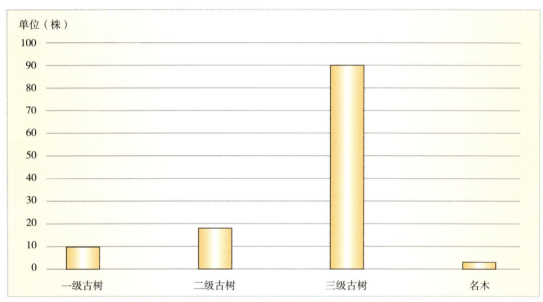

云栖竹径现存古树名木保护级别分类统计图

2. 树高

云栖竹径范围内古树名木树高在6.0～44.2米。如下表所示，主要集中在20.1～30米，共48株，占40%。树高在10.1～20米的古树名木共计33株，占27.50%。树高在30.1～40米的古树名木共计32株，占26.67%。公园范围内最高的古树是位于双碑亭旁的1株枫香树，树高达44.2米。

云栖竹径古树名木树高情况一览表

树高（米）	数量（株）	比例（%）
0～10	5	4.16
10.1～20	33	27.50
20.1～30	48	40.00
30.1～40	32	26.67
40以上	2	1.67

3. 胸（地）围

云栖竹径范围内古树名木胸（地）围在80～495厘米。如下表所示，主要集中在201～300厘米，共63株，占52.50%。其中，胸（地）围最大的古树是位于双碑亭旁的1株枫香树，胸（地）围达495厘米。

云栖竹径古树名木胸（地）围情况一览表

胸（地）围（厘米）	数量（株）	比例（%）
0～100	2	1.67
101～200	29	24.16
201～300	63	52.50
301～400	23	19.17
400以上	3	2.50

4. 平均冠幅

杭州市城区范围内古树名木平均冠幅在1～30米。如下表所示，主要集中在10.1～20米，共64株，占53.33%。平均冠幅最大的古树是位于回龙亭北侧的1株枫香树，平均冠幅达29.95米。

云栖竹径古树名木平均冠幅一览表

平均冠幅（m）	数量（株）	比例（%）
0～5	2	1.67
5.1～10	21	17.50
10.1～15	31	25.83
15.1～20	33	27.50
20.1～25	27	22.50
25.1以上	6	5.00

四、古树后续资源

为全面落实《杭州市人民代表大会常委会关于加强古树名木保护工作的决定》，有效加强杭州市古树和古树后续资源的保护与管理，根据杭州市园林文物局和杭州西湖风景名胜区管委会要求，2023年8月开展了云栖竹径景区内古树后续资源调查，2024年6月经上级和专家鉴定，云栖竹径共有13株古树后续资源得到认证。具体见下表。

云栖竹径后续古树资源名录表

编号	树名	位置	树高（米）	胸径（厘米）	平均冠幅（米）
230	朴树	位于云栖竹径景区门口卫生间前绿地	28	76	16
231	糙叶树	位于云栖竹径牌坊东18米	30	65	15
232	糙叶树	位于云栖竹径牌坊东22米	28	53	12
233	浙江楠	位于云栖竹径售票口西20米	20	50	12
234	浙江楠	位于云栖竹径售票口西19米	18	50	8
235	楸	位于云栖竹径舒篁阁北侧	20	50	7.5
236	楸	位于云栖竹径舒篁阁北侧	20	50	7
287	浙江楠	位于云栖竹径售票口西25米	15	49.5	11
288	浙江楠	位于云栖竹径售票口西竹林	18	58	11.5
289	浙江楠	位于云栖竹径售票口西竹林	18	53.5	14.5
290	浙江楠	位于云栖竹径售票口西竹林	18	56	13.5
291	浙江楠	位于云栖竹径售票口西竹林	18	54	13
292	浙江楠	位于云栖竹径售票口西竹林	18	55	13

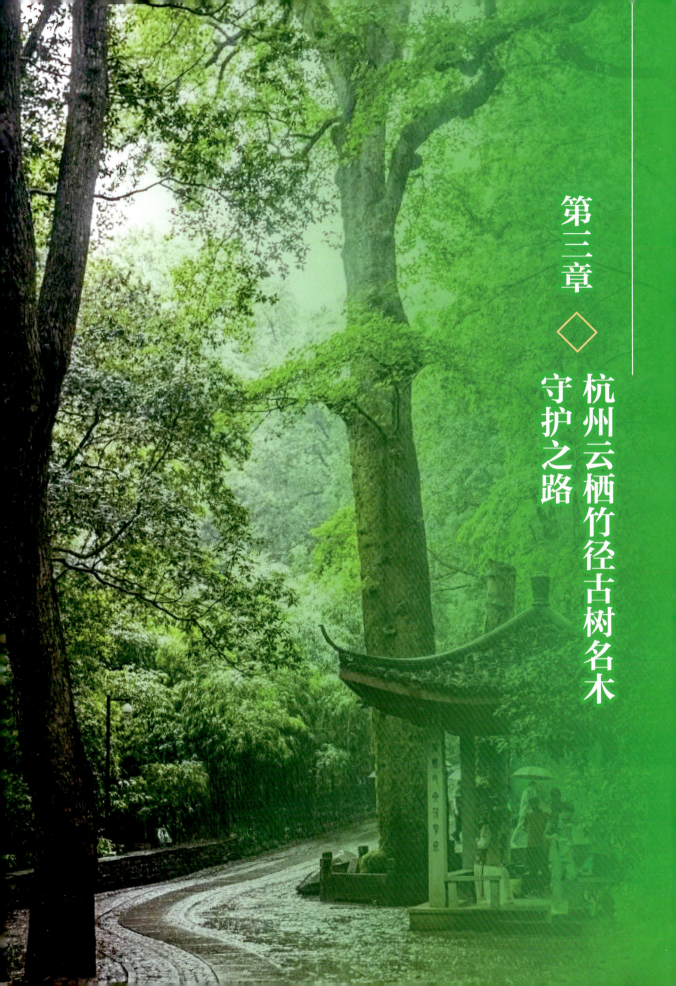

第三章 杭州云栖竹径古树名木守护之路

云栖竹径古树名木数量众多，1986年在"新西湖十景"评比时，便以秋季古木黄叶绕地，给清幽翠绿的竹径增添了绚丽色彩而入选。从三聚亭起，沿着御道蜿蜒而上，三五步间，便可遇数株高耸入云、数人合抱的古树矗立于御道两侧。《西湖志》云："行万竹中，石径幽窄，仰不见日色……转入转深，不辨所出……行久渐闻钟磬声，则云栖寺在焉。"由此我们可大胆推测，在距今1000多年前，顺着山溪，伏虎志逢禅师骑着老虎绕开大树，来往于山林间，久之古道便具雏形。随着岁月增长，古道旁的大树已长成古木，形成了云栖竹径特有的竹木景观。

一、保护管理历程

（一）古树名木的守护与发展

1950年后，杭州市园林部门在恢复和保护云栖竹径竹景时，将古树名木列入重点保护。自1962年以来，杭州市园林文物局组织对古树名木进行了多次普查工作，以古木景观闻名的云栖竹径内的古树名木资源也由此不断记录下来。2015年云栖竹径最大的一株枫香古树和浙江楠古树群被评为杭州最美古树。2023年2月被评为浙江省首批古树名木文化公园。

在历次普查中，随着古树名木保护意识和科技手段的不断进步，古树普查的内容已从简单的树种、用途等到现状照片、地理定位、空腐情况、树木生长环境评估、树木整体健康状况评估等全方位检测，记录方式也从纸质到手机端实时录入等。2002年，在普查云栖竹径时，根据上级部门要求，首次利用测高器、GPS和数码相机对每株古树名木进行了实测和拍照，同时将数据录入了电脑软件，由此古树名木资料易于查看和留存，便于后来者进行古树名木保护。2017年时，经过普查，云栖竹径增补了17株古树名木，包含枫香树、浙江楠、糙叶树、

相关授牌

苦槠树种。2023年在调查云栖竹径50～100年后备古树资源，增补了13株后备古树资源，树种包含浙江楠、楸、糙叶树、朴树等。

古树保护铭牌是市民与古树名木之间互动与认知的桥梁。为了保护好古树名木，并便于后续分辨和复检，在普查后，为云栖竹径内的古树名木制作了古树铭牌。最早为铝制古树名木铭牌，刻有杭州市古树名木、编号及制牌单位。后因铭牌内容较简单且钉于树上容易掉落等缺陷，1997年前后给古树名设立了石质标识牌，标明了树名（含学名）、树龄、编号、管理单位、立牌年月等主要参数。2009年在云栖竹径景区整治工程中，为了呈现更好的古树名木景观，选取部分具有代表性的古树名木设置了内容详细的中英文古树名木保护牌。

古树名木保护牌

由于石质标识牌在雨水和青苔侵蚀下，内容渐渐模糊。2017年，为便于全省古树名木资源管理，在全面普查后，根据《浙江省古树名木保护办法》，重新对在册的古树名木编制了全省统一编号，全部重新制作了喷涂式不锈钢保护铭牌，套在原来石碑上，无石碑的则用电线绑在树干上，铭牌上还有"浙江古树名木"图例，还有每株古树的二维码，扫码后可了解更详细的古树资料。但因喷涂方式易磨损，且绑缚于树干上的保护牌不利于古树名木生长，2023年在云栖竹径枫香古树文化公园建设时，重新设置了古树铭牌，将不锈钢古树铭牌内容喷涂方式改为侵蚀雕刻钢板工艺，同时将所有挂牌改成立牌式，更好地展示古树名木保护成果。

云栖古树名木保护铭牌的演变

随着城市化的不断发展，绿地带给人们的疗愈功能让云栖竹径古树名木的价值更加弥足珍贵。自20世纪80年代以来，对衰弱的古树保护复壮愈加重视。对存在衰弱的古树名木进行了对应的拆除硬化铺装、设置围栏、支撑巩固、树洞修补、营养液注干输液和灌根、病虫害治理等保护复壮措施，救助了一株株古树名木。但在古树保护历史中，抢救复壮濒危衰弱的古树名木代价较大，如今管护者也改变以往靠抢救的方式保护古树名木，转而加强古树名木日常巡查和养护，做好日常修剪、水肥和病虫害管理，及时应对自然灾害天气，降低古树名木衰弱风险，确保古树名木正常生长，更好地保护这一片古树名木。

（二）古树名木面临的困境

1. 自然因素影响

云栖竹径山林区域坡度陡且土层薄，为亚热带季风气候区，雨水多，湿度大，古树易发生空腐，灾害性天气易造成折断或树木倒伏。景区内植被覆盖率高，树木、竹林等植物生长营养空间狭小，次生病虫害明显。景区内槐、枫香树及七叶树古树受蛀干害虫，如天牛、小蠹、黑蚂蚁等危害较重；浙江楠、青冈栎、桂花、苦槠等受木腐菌危害较重。

2. 人为干扰影响

云栖竹径历史悠久，其改造也不可避免。尤其是近代整治提升过程中，建筑改造、道路提升、铺装硬化、下水管道铺设、覆土及土质污染等方式，导致部分古树不可逆衰弱。在保护复壮过程中，早期保护不够全面得当也造成了古树名木的衰弱，如衰弱因素检测水平不足、保护材料使用不当、保护复壮技术不当、错过最佳救治时间等。

3. 文化景观凸显不足

树姿树容是直接展现古树风貌的重要部分，景区内大部分古树名木干部和树冠遮挡严重，而且部分古树还存在空洞腐朽、断枝未修整或修枝不当等情况，影响了古树名木景观。同时，景区内欠缺古树名木的历史文化记载，古树名木科普牌单一，观赏性和科普功能不足。

（三）古树名木保护复壮方法

1. 古树名木保护方法

（1）保障古树生长空间，改善古树生长环境。古树名木保护范围包括植被结构、违章和废弃建（构）筑物、杂物、污染液体及气体的整治。对于影响古树名木采光的枝条应适当修剪，并铲除根系发达争夺土壤水肥能力强的竹类、草本植物，以充分保证古树名木生长空间。导致古树名木生长严重衰弱的建（构）筑物等设施应协商解决。保护范

围内的杂物应彻底清除。及时清除侵入古树名木根系分布范围内土壤的污水并消除污染气体污染源。

（2）做好自然灾害预防，减少古树受损情况。自然灾害预防保护包括应对水灾、风灾、冻害、雪灾和雷灾预防保护措施。应当组织制定应急预案，预防重大灾害对古树名木和古树后续资源造成损害，运用现代科学技术，对古树名木和古树后续资源设置应急管理设施并定期维护，提高古树名木和古树后续资源的防灾减灾能力。对位于河道、池塘边的古树名木，应设置石驳、木桩和植物砌筑生态驳岸保护；对位于坡地、石质土等易冲刷地方的古树名木，应设立挡土墙；对易受冻害和处于抢救复壮期的古树名木，应采取在其根颈部盖草包、覆土或搭建棚架进行保护。

（3）加强日常养护管理，做好水肥虫害监测。古树名木保护应做好日常养护，包括补水排水、施肥、有害生物防治等。土壤浇水应在土壤干旱时适时浇水，并在树木多数吸收根分布范围内进行。地表积水应利用地势径流或原有沟渠及时排出。施肥前应进行土壤及叶片的营养诊断，在树木营养缺乏时进行施肥。以土壤施肥为主，当土壤施肥无法满足树木正常生长需要时，进行叶面施肥。病虫害防治前应辨别有害生物种类，掌握生活史、发生规律及树体受害症状，防治措施可采用生物、物理、化学等方法，其中以生物防治为主。

（4）提高保护复壮技术，加强后期养护管理。古树名木遭受损害或者长势明显衰退、环境状况影响生长的，应全面了解古树衰弱前后周边环境情况，组织专业技术人员，及时组织采取抢救、复壮等处理措施，开展抢救性保护工作。复壮后的古树加强后期养护管理，基本做到每月一次养护巡查和管理，发现问题及时处理，至少持续一年。同时，做好纸质、电子保护复壮技术档案，并做好各类资料的收集、整理、鉴定与归档工作。

（5）加大监测设施投入，构建智能监测体系。在日常巡查的基础上利用树木空洞检测仪、根系检测仪等对古树名木进行监测，完善古树名木档案；在病虫害管理上，设置诱捕器、虫情测报灯进行定期监测，减少古树名木病虫害发生；同时设置白蚁自动化监测预警系统，实现远程实时连续监测—发现—消灭—再监测模式的白蚁预防治理体系；增加古树风向风力检测与古树倒伏预警系统设备及实时监控设备投入，及时应对安全隐患和突发情况。古树保护，科技先行，不断构建和完善古树智能监测体系，实现古树名木保护智慧型精细化管理。

2. 古树名木复壮方法

（1）土壤改良。包括对密实土壤、硬质铺装土壤、污染土壤和坡地土壤的改良。密实土壤改良应采用土壤沟或坑改土和根系表土层改土的方式。其中，土壤挖沟或坑应在多数吸收根系分布区布置沟或坑，土壤改良面积应为多数吸收根系分布面积的一半。沟和坑内添加的改土物质应包括细沙、粗有机质和腐殖质、有机无机复合颗粒肥、微量元素、生物活性有机肥和微生物菌肥等。根系表土层改土应在沟和坑改土以外的区域进行。硬质铺装土壤改良应包括铺设透气砖、木栈道和铁箅子。拆除古树名木植株改土区内地面硬质铺装时，应将下垫面的水泥砂浆层去除后再回填细沙和腐殖质，做到混匀、铺平、夯实。污染土壤改良应包括渗滤液土壤改良、盐碱土壤改良和酸碱土壤改良。坡地土壤改良宜在春季植株萌动前进行，应深翻坑内土壤，去除石砾，放入腐烂枯枝落叶和有机无机复合颗粒肥、微量元素、生物活性有机肥、微生物菌肥。

（2）树体损伤处理。树体损伤处理应包括活组织处理和死组织处理，应做到对损伤的根系、枝干及时处理，活组织处理应达到伤口愈合、功能恢复，死组织处理应预防腐烂、提高景观效果。活组织处理应包括木皮、根系和树体倒伏损伤处理。活组织损伤处经处理后，应每年进行检查，出现问题应按原技术进行处理，直至伤口全部愈合为止。对受损伤的正常或轻弱株可进行树干输液，树干输液应选用含有多糖、氨基酸、氮磷钾、微量元素、生物酶、植物激素等成分的营养液。木皮损伤、凹陷、裂缝等死组织损伤应清理损伤处表面的残渣、腐烂物，并进行防腐消毒。树体损伤处理后应每年对树体进行检查，发现问题及时处理。

（3）清腐防腐。古树名木的腐烂处应进行清腐处理，并做到定期处理。对具有较大观赏价值或纪念意义的树洞，且非必须填充的，应采取卫生清理和防腐措施防治或延缓腐烂，并防止树洞积水。需采用适宜工具，清腐应完全，不伤及新鲜活体组织。可应用树干断面声波扫描仪等监测树干腐烂情况。树腔防腐、填充、修补使用的材料应安全可靠，绿色环保，并具有持久效果。清腐后裸露的活体组织应杀菌、杀虫，待干燥后还应涂防腐剂。

（4）支撑巩固。树体明显倾斜、树洞影响树体牢固，或处于河岸、高坡风口、易遭风折或倒伏的树木应加固。树体加固应包括硬支撑、软支撑、活体支撑、铁箍加固和螺纹杆加固。主干或主枝倾斜度大，有发生倒伏的倾向时，应采取硬支撑；当主干或主枝倾斜度小、附近有附着物的情况应采用软支撑；条件满足时可采用同一树种进行活体支撑；主干或主枝破损、劈裂、有断裂倾向的树木，应采用铁箍或螺纹杆加固。树体加固后应每年对橡胶垫圈、支柱、拉绳、铁箍、螺纹杆等进行检查，当出现问题时，应及时进行安装和维修。

二、古树名木保护复壮案例

（一）枫香树

基本信息： 古树编号018610100040，树龄1020年，位于云栖竹径景区双碑亭旁。

复壮前情况： 2001年前曾遭刺角天牛危害，经过数年防治，天牛成虫虽已控制，但危害极重，树干上部枝叶全部枯死，2009年进行了截干并作水泥封补处理。目前树干仅余7.5米，树干腐朽严重，原水泥修补剥落严重，仅有几处细小萌蘖枝生长。

复壮措施：

（1）清腐防腐。首先去掉之前水泥修补面，清理树干内外部的腐朽腐烂部位，清理至主干坚硬处和活组织处，确保清理后不积水，通风透气，避免木质部进一步腐烂朽化；清腐后用使用唑醚·咪鲜胺、辛菌胺醋酸盐等杀菌剂进行处理，需每隔7~10天杀菌1次，重复3~4次，同时加强雨季杀菌管理，最后涂抹桐油等防腐保护剂。

（2）土壤改良。土壤开挖20厘米宽、30厘米深的沟，加入菜饼等有机肥，增加土壤肥力。

（3）病虫害管理。由于萌枝细弱，易遭受食叶害虫和叶部病害侵害，选择高效氯氟氰菊酯和唑醚·咪鲜胺等杀虫杀菌剂防治，确保枝叶正常生长。

复壮前古树全貌

树干清腐防腐

病虫害治理

复壮后古树全貌：

（二）苦槠

1. 案例一

基本信息： 古树编号018620100033，树龄430年，位于云栖竹径景区回龙亭旁。

复壮前情况： 古树树皮有2/3失活，主枝已枯死，仅余一小侧枝存活，古树主干腐朽严重，且周围竹子生长过密，侵占了古树的生长空间，影响了古树生长和景观。

复壮措施：

（1）修剪枯枝。古树上部枯干形状古朴，原计划维持枯干，但在清腐过程中发现枯干枯朽严重，折断风险高，且枯枝较高，日后养护防腐难度大，故而对枯干进行了修剪。

（2）清腐防腐。修枝后，对枯朽部位进行清腐，失活树皮清腐至树皮鲜活处，树皮清腐切口应保持垂直，清腐后进行杀菌，并涂抹伤口愈合剂，促进树干形成层生长及修复。枯朽树干则清理至树干坚硬处即可。清腐后及时喷洒药物防治病虫害，如有蛀干害虫或木腐菌危害严重时，需控制病虫害且继续清除后续出现的腐朽物再涂抹防腐剂。做好树干清腐后对苦槠进行了三次病虫害防治，最后一次防治后待药液干透再涂刷防腐剂。防腐剂使用了枯草芽孢杆菌、淡紫紫孢菌、霜霉·噁霉灵、树木伤口愈合剂等产品加水搅拌均匀后涂抹于清腐面。

（3）土壤改良。用土壤消毒剂对土壤进行杀菌消毒，在不伤害根系的情况下，在树干投影范围周边，打孔放置含腐殖酸的缓释肥，然后浇灌生根剂、含腐殖酸的水溶性肥料等混配液，改良土壤，提高土壤肥力，促进根系生长。

（4）扩大生长空间。清理古树投影范围内杂树、竹子和杂草垃圾等，古树树穴内铺设树皮，扩大古树生长空间，改善古树生长环境。

复壮后古树全貌：

2. 案例二

基本信息： 古树编号018620100037，树龄330年，位于云栖双碑亭西。

复壮前情况： 古树位于景区游步道道侧坡坎，生长空间狭小，枯枝明显。原树干曾用水泥封堵修补，后期由于树木生长、树体晃动及雨水侵袭等原因，交接处出现缝隙，加剧了树干内部腐朽，且树干上部枝条断枝后形成空洞，树体稳定性不足。

复壮措施：

（1）清腐防腐。清理掉原来的水泥封补，对枯朽部位进行清腐，保持树干通风透气，对失活树皮清腐至树皮鲜活处，并涂抹伤口愈合剂。

（2）巩固支撑。在清除树基部的水泥封补时，发现树基已基本腐烂，仅余约10厘米厚不足半侧的树干，主枝上部空洞明显，在树上进行清腐作业时，树体晃动严重，干折危险极大。在综合考虑支撑稳定性和周边交通条件后，采用三角支撑加装牵引绳牵拉的方式进行支撑，支撑杆做仿真树皮处理。

（3）修枝。清理枯朽的断枝口，清理树上的枯枝和病弱枝。

（4）朝天洞加装伞形物。苦槠树干上存在不同朝向的树洞较多，树干封补不能完全做到防止雨水侵入，因而在主枝断口朝天洞处加装了一个不锈钢伞形物，减少雨水冲刷和集聚。

（5）树基树立仿造根雕。因树基部全空，且靠近道路一侧树基全无，为防止雨水从道路直冲树基，用仿木泥材料制作仿造根雕，同时提高了古树美观性。

（6）土壤环境改良。在树干投影范围内，挖长、宽、深约40厘米的复壮坑6~8个，加入生根粉、噁霉灵等药剂的配植土，提高土壤肥力。

复壮前古树情况　　水泥封补下古树朽坏情况　　树体巩固支撑

开放性伞形遮挡　　仿根状挡水墙

复壮后古树全貌：

（三）槐

基本信息： 古树编号018630100010，树龄230年，位于云栖党群服务中心游步道西边竹林中。

复壮前情况： 因天牛蛀干害虫危害，顶部枯枝明显，蛀干害虫危害处腐朽现象明显。

复壮措施：

（1）**枯枝修剪**。古树位于游步道道侧，枯枝断枝风险灾害较大，利用登高车进行枯枝修剪，修剪口涂抹伤口愈合剂，减少腐朽空洞风险。

（2）**病虫害防治**。对蛀干害虫等进行防治，刮刀开挖蛀孔周边树皮后，用渗透性强的杀虫剂喷干，控制蛀干害虫；并喷施广谱性的杀虫剂和杀菌剂，减少其他病虫害发生。

（3）清腐防腐。对蛀干后造成的腐烂树干进行清理，因腐烂程度较轻，清腐后做好病虫害处理，药液干后即可进行防腐处理，防腐面低于树皮形成层，以利于树皮自行修复。

（4）生长空间清理。清理古树树冠投影范围内竹子、杂木、灌木等，并增设树穴。

（5）土壤改良。在树冠投影范围内，挖长、宽、深约40厘米的复壮坑6～8个，加入生根粉、噁霉灵等药剂的配植土，提高土壤肥力；并埋设透气管，增加土壤排水透气性。

复壮前古树全貌　　蛀干害虫危害情况

修剪枯枝　　病虫害治理　　损坏树皮处理

土壤改良　　空间清理及树穴铺设

复壮后古树全貌：

（四）浙江楠

1. 案例一

基本信息： 古树编号018630100044，树龄130年，位于云栖竹径景区双碑亭北侧绿地。

复壮前情况： 树干12米处干折，曾遭白蚁危害，树基至树干顶部树干空洞，尤其是树基，空洞达4/5，树基一侧树干表层腐朽严重，倒伏风险大。

复壮措施：

（1）**支撑巩固。** 古树树基和整个树干空洞严重，为确保古树树干支撑力，结合古树周边环境特点，采取三角支撑架进行支撑，钢管涂成绿色，与环境相协调。

（2）**白蚁防治**。与专业白蚁防治公司合作，埋置白蚁诱杀包，并喷施白蚁专用药剂，彻底清除白蚁危害。

（3）**清腐防腐**。清理树根、树干腐朽部分，刮至木质部坚硬处，前期每隔7～10天用唑醚·咪鲜胺、辛菌胺醋酸盐等杀菌剂进行处理，集中处理3～4次，同时特别注意雨季杀菌处理，每次杀菌前检查木质部病菌防治情况，发现有持续腐烂的地方应重新刮除至坚硬部分再喷杀菌剂。在病菌危害控制后，涂抹桐油进行防腐。

（4）**定期检查**。为确保古树复壮效果，避免古树进一步遭受病虫害侵害，确保木质防腐到位，前期加强检查，后期可3～6个月复查1次，并定期杀菌防腐，确保古树正常生长。

复壮前古树情况　专家会诊　树干空腐检测　清腐防腐　病虫害治理

复壮后古树全貌：

2. 案例二

基本信息： 古树编号018630100004，树龄110年，位于云栖竹径售票亭外平台上。

复壮前情况： 上部枝条枯朽，树干内部中空严重，树干上原封补用的水泥断裂掉落。

复壮措施：

（1）枯枝修剪。对已枯朽的主干，修剪至木质坚硬处，并清理小枯枝等。

（2）树干空洞处清腐防腐。清理树干上原有的封补用的水泥，对已修剪的枯干和树干空洞部位进行清腐，清理至木质坚硬处，做好病虫害处理后用木材防腐剂进行防腐。

（3）病虫害防治。用广谱性的杀虫杀菌剂对树体尤其是空洞处进行喷洒，防治病虫害。

（4）增设排水管。因主干全部中空直至树基，内部雨水直流入土壤排出，为加快树干内部排水，在树基50厘米处埋置10厘米的PE管，管壁打孔，促进树基周边土壤排水，减少树干中部积水。

（5）古树周边环境清理。此处平台共有5株古树，旁边为边界处，设置有遮挡用的铁皮，并种植了珊瑚树、桂花等，目前植被过密且杂乱。对该处植被进行了清理，迁移了过密的桂花，并清理地被，设置古树树穴，树穴内铺设松鳞片，提升古树景观。

（6）土壤复壮。在树冠投影范围内，挖长、宽、深约40厘米的复壮坑6～8个，加入生根粉、噁霉灵等药剂的配植土，提高土壤肥力；并埋设透气管，增加土壤排水透气性。

（7）主干顶部加设钢丝网。因主干中空容易堆积枯落物，为防止树叶、树枝等枯落物掉入树干内部，加剧树干内部腐烂，在树干空洞顶部加设钢丝网进行遮挡，减少淤积。

复壮前古树全貌　　枯枝修剪　　空腐处打磨抛光

空腐处喷涂防腐液　　根下增设横向排水管　　空洞处增设钢丝网

复壮后古树全貌：

（五）木樨

基本信息： 古树编号018630100118，树龄160年，位于云栖莲池大师墓前平地。

复壮前情况： 该古树位于硬化铺装平台上，树穴窄小，主干上有少量腐朽，树冠窄小，树干枝条生长不良。

复壮措施：

（1）硬化地面铺装清理。清理树基2米内硬化铺装，并在树冠投影范围外1米的铺装上挖开30厘米×50厘米的铺装6块，换成打孔的钢板，提高土壤透气功能。

（2）土壤复壮。挖除硬化铺装后，清理上面的混凝土层、渣土和大块石头，然后混

入加了生根粉、噁霉灵等药剂的配植土，同时在挖除6块钢板下挖深40厘米，垂直放置透气管，并换上配植土，提高土壤肥力和土壤透气功能。

（3）**清腐防腐**。对树干上的腐朽部位进行清腐，并利用广谱性药剂进行病虫害防治处理，同时对朝天易积水的浅空洞进行修补，防止进一步腐烂，修补材料为仿木泥，修补后呈仿树桩造型。

复壮前古树全貌　硬化铺装开挖　土壤改良　铺设透气管　树洞修补

复壮后古树全貌：

（六）樟

基本信息： 古树编号018620100140，树龄330年，位于云栖停车场东边。

复壮前情况： 古樟枯枝明显，树干上有明显菌斑，枝叶生长不良。树冠下方箬竹生长较密，且病虫害较多，影响古树健康生长。

复壮措施：

（1）修剪枯枝。对树冠内膛枯枝、病弱枝进行修剪，减少病源枝传染。

（2）清理树穴。对树冠投影范围内的箬竹进行清理，并迁移过密的鸡爪槭，清理树穴内杂乱的堆石和原石护栏基础。

（3）土壤复壮。清理后，在树穴范围内挖设复壮坑6～8个，长、宽、深40～60厘米，加入生根粉、噁霉灵等药剂的配植土进行换土，同时设置6根透气管，提高土壤肥力和土壤透气功能。

（4）树穴铺设火山岩。树穴内铺设火山岩，石块周边点植南天竹和大丛书带草，提升古树景观。

复壮前古树全貌　　修剪枯枝　　清理树穴　　土壤改良

复壮后古树全貌：

三、拓展守护路径

林草兴则生态兴，生态兴则文明兴。步入新发展阶段，全国人民深入贯彻习近平生态文明思想，牢固树立"绿水青山就是金山银山"的理念，加快建设人与自然和谐共生的现代化，谱写出高质量高发展的新篇章。近年来，杭州市先后出台《杭州市城市绿化管理条例》及其实施细则，以及《杭州市人民代表大会常务委员会关于加强古树名木保护工作的决定》《杭州市城市古树名木保护管理办法》等法律法规，形成了"政府主导、部门联动、社会各界齐抓共管"的古树名木保护机制。云栖竹径枫香古树文化公园一直践行古树名木保护机制，在古树名木资源保护与利用方面做了不少的探索和尝试。

（一）推进公众参与

"合抱之木，生于毫末。"古树名木保护不仅需要专业投入和交流，也需要社会的共同参与。云栖竹径枫香古树文化公园主要从公益、科普、文旅三方面鼓励公众参与古树名木保护。

1. 公益活动

（1）**线下认建认养**。近些年，积极面向社会开展"古树认养"主题公益活动，云栖的古树也得到了更多来自社会的支持。浙江日报传媒有限公司、蚂蚁科技集团股份有限公司、杭州啄木鸟古树救护有限公司等众多社会单位在资源和资金方面给予有力支撑，积极参与策划古树保护、复壮等系列公益项目，为公园内的数十株古树保护复壮提供了有效支持；为进一步扩大古树名木保护的社会力量，积极组建杭州古树保护志愿者队伍，定期组织志愿者对公园内的古树开展巡护，以实际行动发挥积极作用。为感谢各方社会力量对古树名木保护做出的积极贡献，相关政府部门也为他们授予"杭州市护绿使者志愿服务队""杭州古树特使"等荣誉称号，鼓励更多社会力量参与进来，为这些悠久的绿色生命的繁荣茂盛贡献力量。

为新增"杭州市护绿使者志愿服务队"授旗

为"杭州古树特使"颁发荣誉证书

云栖竹径古树认养挂牌

（2）线上古树医生。通过"政府指导＋公众参与＋平台支撑"新机制，联合蚂蚁森林推出杭州市"古树医生"线上专场，通过在"支付宝"页面独立展示杭州市古树保护和古树抢救复壮成果，推出蚂蚁森林投放"能量"活动及传播"杭州市古树IP皮肤"等内容，充分调动全社会关注和参与云栖竹径的古树保护行动，为杭州市古树名木已有的保护举措做了有益补充。

蚂蚁森林"古树医生"线上活动

2. 自然教育

（1）设置科普区域。依托公园原有空间，以最小干预、生态环保为原则，增设具有较强互动性、体验性的科普设施。例如，在竹林、休憩广场等节点增设"树的年轮""植物的记忆""触摸自然——气味之旅""科普问答"等科普互动装置，让市民游客在游览过程中通过视觉、触觉、嗅觉了解植物的不同属性、用途、文化价值与环境的关系等内容。

云栖竹径古树科普展示

（2）组织科普活动。以古树为媒，持续举办形式多样的科普活动和自然课堂。通过"古树观察员"讲述活动，普及古树的年轮、枝叶、树龄等不同树木的生物学特性知识；推出"古树印章集""探究树皮的秘密""植物拓染"等系列科普活动，以现场讲解、互动体验以及发放云栖竹径古树名木保护宣传册的方式，吸引更多人深层次了解古树名木，理解自然，热爱自然。

云栖竹径古树名木印章

云栖竹径古树名木保护宣传册

云栖竹径古树科普课堂

3. 文旅融合

（1）古树漫步路线。湖山觅嘉木，杭州市园林文物局在全市建成区1242棵古树名木中选取了具有代表性的古树，规划了10条"湖山觅嘉木"City Walk（城市漫步）路线，"云栖越千年"作为其中一条路线，不仅串联着云栖竹径120株古树名木和五云山上的最美古银杏，也串联起云栖竹径在历史长河中的文化脉络。跟着线路访古树，往往能收获意外之喜。

City Walk（城市漫步）路线——云栖越千年

（2）古树打卡互动。云栖竹径作为西湖新十景之一，每年有着数十万的游客量。为了能让这些游客更好地关注古树文化，体验古树魅力，公园因地制宜，打造了"天空之境——和古树同框"合影打卡点、"千年古树送祝福"等互动区域，开发、推出古树主题邮票纪念珍藏册、书签、笔记本、盖章本等"古树"文创衍生品。在满足古树保护的同时，让古树文化以生动有趣的形式融入文旅中，增强市民游客的游览体验感。

古树主题邮票纪念珍藏册

"天空之境——和古树同框"合影打卡点

（二）展示保护成效

云栖的地理环境得天独厚，不但有修篁蔽天，而且古木成荫，为进一步挖掘阐释古树名木承载的多元价值，展示杭州市生态文明建设成果，云栖竹径枫香古树公园连续承办了两届杭州市古树名木主题展。

2023年7月5日至11月30日，"云木参天·葳蕤千年"杭州市首届古树名木主题展成功举办。展览通过三个篇章展示了杭州市古树名木文化故事、古树名木保护优秀案例以及发展历程。这是首次集中地向公众展示杭州市古树名木的历史底蕴、保护历程以及所取得的成效，也是为了挖掘梳理古树名木景观、生态和人文价值，传递生态文明理念。本次主题展结合公园内的古树本体，让市民朋友们近距离观察古老而珍贵的"活化石"，了解古树保护工作，感受穿越千年的绿色底蕴。据统计，本次展览累计参观数量34.85万人次。

云栖竹径古树名木总导览图

"云木参天·葳蕤千年"杭州市首届古树名木主题展

第三章 杭州 云栖竹径古树名木守护之路

枝繁叶茂续芳华，2024年7月5日至11月30日，"湖山嘉木·繁祉千年"——第二届杭州市古树名木主题展在云栖竹径枫香古树文化公园开展。此次主题展以杭州近代古树名木的保护历程为核心，通过"源、延、融、续"四个篇章，向公众展示杭州市古树名木保护管理办法、十条城市古树名木City Walk路线、古树名木保护优秀案例及智慧园林保护场景应用。古树不仅扎根于土壤，更深深扎根于人类的历史与文明之中。展览期间，还举办丰富的互动打卡和体验活动，将陌生抽象的保护工作和古树文化以科普、趣玩的形式呈现出来，向人们传递"人与自然和谐共生"的理念。据统计，本次展览累计参观数量达30.27万人次。

"湖山嘉木·繁祉千年"第二届杭州市古树名木主题展

（三）强化学术交流

古树名木不仅记载着城市沿革，孕育着生态奇观，还承载着绿色乡愁，是十分珍贵的"绿色文物"。因此，加强古树名木保护，对于保护自然与社会发展历史，推进生态文明具有十分重要的意义。云栖竹径枫香古树文化公园始终全力以赴，以考察调研、学术交流、媒体宣传赋能，更加有力推动古树名木保护事业繁荣发展。

1. 调研指导

云栖竹径枫香古树文化公园陆续接待了全国各省市及行业协会的专家及同行考察古树名木保护工作，获得业界一致好评。2024年9月，在国家林业和草原局举办的全国古树名木保护科普宣传周活动中，杭州云栖竹径枫香古树文化公园作为考察点，接待了国家林业和草原局以及各省林业系统专家及学者参观，其对云栖竹径古树保护工作给予了高度评价。2024年11月，杭州市相关领导在云栖竹径专题调研古树保护工作并给予了充分肯定。

国家林业和草原局生态保护修复司考察调研云栖古树保护工作

2024年全国古树名木保护科普宣传周——云栖竹径考察点

杭州市人大常委会主任专题调研云栖竹径古树保护工作

2. 学术交流

云栖竹径枫香古树文化公园的建设作为古树保护工作的先行示范，依托浙江省林业局、杭州市园林文物局、杭州西湖风景名胜区管委会等单位从行业学术各方面给予的大力支持，在古树名木精细化管养、保护复壮技术和文化传承等方面进行了充分实践和研究。同时，通过浙江省古树培训、长三角古树名木保护论坛等学术交流大会，与来自北京、上海、江苏、安徽、浙江和其他长三角地区的古树名木专家学者，共同交流分享学术思想与研究成果，积极探索科学有效的古树名木保护措施。

2023年中国风景园林学会与古树名木专业委员会学术年会嘉宾参观云栖竹径古树公园

长三角古树名木保护论坛分享交流

3. 媒体宣传

依托杭州市古树名木主题展、全国古树名木科普周等系列活动，获得《人民日报》《杭州日报》、杭州网、《都市快报》、浙江交通之声、《钱江晚报》、杭州综合频道等各级官方纸媒、新媒体、电视电台等多渠道宣传报道，累计50余篇，形成媒体矩阵，从古树名木历史文化、古树名木保护科普、文旅融合等多方面进行宣传，营造全民保护古树名木的良好氛围。

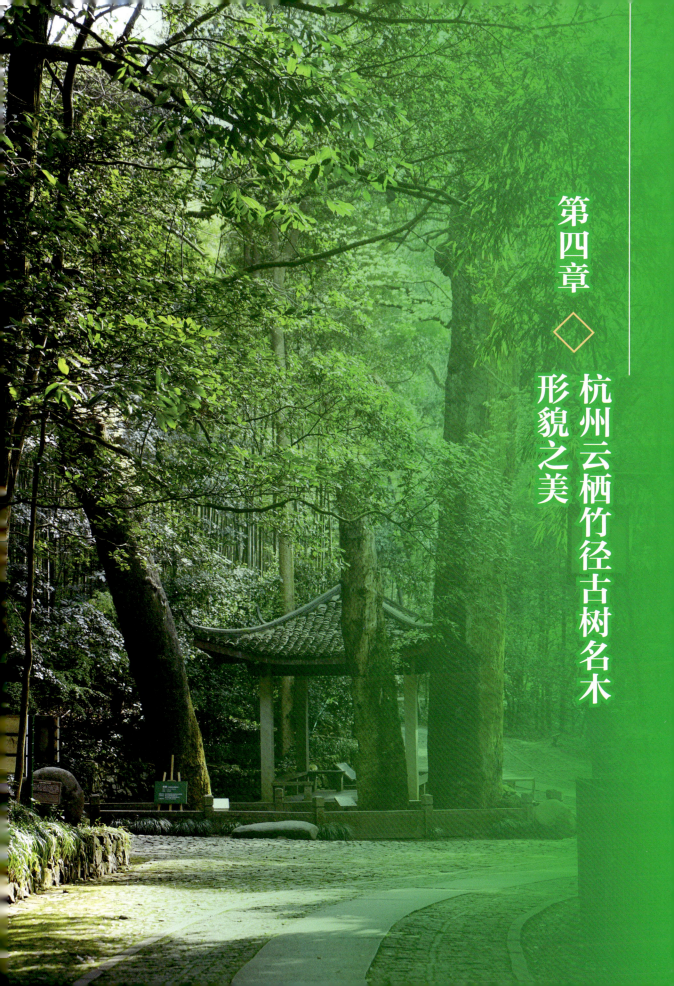

第四章 杭州云栖竹径古树名木形貌之美

　　山林静谧翠色流，云木参天映碧丘。云栖竹径恰是人类与大自然的共同杰作，在这座天然的古树名木博物馆中，古树名木数量多达120株，其中一级古树9株，名木2株；二级古树19株；三级古树90株，涉及枫香树、苦槠、浙江楠、樟、红果榆、槐、糙叶树、豹皮樟等17个树种，现逐一进行介绍。

一、枫香树 *Liquidambar formosana* Hance

科： 金缕梅科　　**属：** 枫香树属

资源分布： 云栖竹径共有古树名木120株，尤以枫香古树数量最多，共有49株，其中一级古树6株，二级古树10株，三级古树33株，最大的枫香树龄逾1030年。枫香树从云栖入口沿着山路蜿蜒向上，分布在竹林、溪沟石坎、古亭山坡等地。

形态特征： 落叶乔木，高达24米，胸径113厘米，平均冠幅22.2米。树皮灰褐色，呈方块状剥落；小枝干后灰色，被柔毛，略有皮孔；芽体卵形，长约1厘米，略被微毛，鳞状苞片覆有树脂，干后棕黑色，有光泽。叶薄革质，阔卵形，掌状3裂，中央裂片较长，先端尾状渐尖；两侧裂片平展；基部心形；上面绿色，干后灰绿色，不发亮；下面有短柔毛，或变秃净仅在脉腋间有毛；掌状脉3~5条，在上下两面均显著，网脉明显可见；边缘有锯齿，齿尖有腺状突；叶柄长达11厘米，常有短柔毛；托叶线形，游离，或略与叶柄连生，长1~1.4厘米，红褐色，被毛，早落。雄性短穗状花序常多个排成总状，雄蕊多数，花丝不等长，花药比花丝略短。雌性头状花序有花24~43朵，花序柄长3~6厘米，偶有皮孔，无腺体；萼齿4~7个，针形，长4~8毫米，子房下半部藏在头状花序轴内，上半部游离，有柔毛，花柱长6~10毫米，先端常卷曲。头状果序圆球形，木质，直径3~4厘米；蒴果下半部藏于花序轴内，有宿存花柱及针刺状萼齿。种子多数，褐色，多角形或有窄翅。

生长习性： 产我国秦岭及淮河以南各地，北起河南、山东，东至台湾，西至四川、云南及西藏，南至广东；亦见于越南北部、老挝及朝鲜南部。性喜阳光，多生于平地、村落附近及低山的次生林。幼树稍耐阴，喜温暖湿润气候及深厚肥沃土壤，也能耐干旱贫瘠，但较不耐水湿。具有深根性，主根粗长，抗风力强。

应用价值： 枫香树具有很强的观赏性，在城市规划中可以起到美化环境的作用。它也可以改善生长地的土壤质量，保证水土不会过度流失，净化空气，保障生态环境的稳定；同时枫香树的耐火性和耐旱性极强，因此可以生长于干旱缺水的荒山野岭之地，改善当地的环境质量。其木材稍坚硬，可制家具及贵重商品的装箱。树脂供药用，能解毒止痛、止血生肌；根、叶及果实亦可入药，有祛风除湿、通络活血功效。

文化故事： 千百年来，特别是文人墨客对枫香树的诗歌传颂和借物抒情，逐步形成了一种枫香文化。唐代杜牧的"停车坐爱枫林晚，霜叶红于二月花"；唐代杜甫的"含风翠壁孤云细，背日丹枫万木稠"；元代王实甫的"西风紧，北雁南飞，晓来谁染霜林醉"等体现了枫香的文化韵味。侗族信奉"万物有灵"的原始宗教，他们把古枫香看作神树，会给古枫香树披挂红布、贴上神符，或在树下建庙，逢年过节村民对其祭拜，以纪念先祖，祈求吉祥幸福。云栖竹径有三株1030年树龄的古枫香共同生活在双碑亭附近，它们沿着路边，依次往里排列着，像是相亲相爱的三兄弟，传说康熙在游云栖时曾在此小憩，立碑记其事。

云栖竹径古树名木

枫香树　编号:018610100012, 一级古树,位于云栖洗心亭南平台上,树龄1030年,树高34米,胸径1.306米,平均冠幅28.2米。

第四章 杭州云栖竹径古树名木形貌之美

枫香树 编号：018610100031，一级古树，位于云栖回龙亭西侧坡上，树龄530年，树高36.8米，胸径1.255米，平均冠幅19.6米。

枫香树　编号： 018610100039，一级古树，位于云栖双碑亭旁，树龄1030年，树高18.5米，胸径0.908米，平均冠幅14.35米。

第四章 杭州 云栖竹径古树名木形貌之美

枫香树 编号：018610100040，一级古树，位于云栖双碑亭旁，树龄1030年，树高7.5米，树上无顶枝，仅存树干上萌发小枝，西南侧有修复。胸径1.013米，平均冠幅1米。

杭州 云栖竹径古树名木

枫香树 编号：018610100041，一级古树，位于云栖双碑亭旁，树龄1030年，树高44.2米，胸径1.576米，平均冠幅24.8米。

第四章　云栖竹径古树名木形貌之美

枫香树　编号：018610100111，一级古树，位于云栖休养所后山坡，树龄610年，树高24米，胸径1.131米，平均冠幅22.2米。

云栖竹径古树名木

枫香树 编号：018620100018，二级古树，位于云栖水泵房南平地，树龄430年，树高40.8米，胸径1.083米，平均冠幅24米。

第四章 杭州 云栖竹径古树名木形貌之美

枫香树 编号：018620100030，二级古树，位于云栖碑亭西侧，树龄380年，树高32.3米，胸径1.083米，平均冠幅27米。

枫香树 编号：018620100032，二级古树，位于云栖回龙亭西侧平地上，树龄330年，树高32.6米，胸径0.911米，平均冠幅25米。

第四章 杭州云栖竹径古树名木形貌之美

枫香树 编号：018620100054，二级古树，位于云栖双碑亭北的溪沟石坎边，树龄425年，树高25.8米，胸径0.908米，平均冠幅24米。

杭州 云栖竹径古树名木

枫香树 编号：018620100055，二级古树，位于云栖双碑亭西，根部裸露，树体向西边倾斜。树龄410年，树高37.2米，胸径1.003米，平均冠幅27米。

第四章 杭州 云栖竹径古树名木形貌之美

枫香树 编号：018620100060，二级古树，位于云栖兜云亭西侧山坡，树龄310年，树高32.8米，胸径1.003米，平均冠幅19.7米。

云栖竹径古树名木

枫香树　编号：018620100108，二级古树，位于云栖坞后山坡，树龄310年，树高25.7米，胸径0.987米，平均冠幅15.6米。

第四章 杭州 云栖竹径古树名木形貌之美

枫香树　编号：018620100123，二级古树，位于云栖生产班东南面山林中，树龄310年，树高37米，胸径1.433米，平均冠幅16.1米。

杭州 云栖竹径古树名木

枫香树 编号：018620100125，二级古树，位于云栖生产班东南面山林中，树龄430年，树高33米，胸径1.019米，平均冠幅25.5米。

第四章 杭州 云栖竹径古树名木形貌之美

枫香树 编号：018620100126，二级古树，位于云栖生产班东南面山林中，树龄410年，树高35米，胸径1.092米，平均冠幅14.5米。

云栖竹径古树名木

枫香树　编号：018630100013，三级古树，位于云栖木栈道南侧溪边，树龄180年，树高26.4米，胸径0.876米，平均冠幅21.15米。

第四章 杭州云栖竹径古树名木形貌之美

枫香树 编号：0186301000014，三级古树，位于云栖木栈道南侧溪边（左株），树龄180年，树高33米，胸径0.860米，平均冠幅28.4米。

云栖竹径古树名木

枫香树 **编号：** 018630100015，三级古树，位于云栖木栈道南侧溪边（右株），树龄180年，树高28.6米，胸径0.828米，平均冠幅23米。

第四章　杭州　云栖竹径古树名木形貌之美

枫香树　编号：018630100016，三级古树，位于云栖游步道边的溪边竹林，树龄180年，树高36米，胸径0.924米，平均冠幅20.9米。

杭州云栖竹径古树名木

枫香树　编号：018630100017，三级古树，位于云栖游步道边的溪边竹林，树龄180年，树高37.3米，胸径0.860米，平均冠幅24.25米。

第四章 杭州 云栖竹径古树名木形貌之美

枫香树 **编号：** 018630100019，三级古树，位于云栖水泵房北，树龄280年，树高36米，胸径0.844米，平均冠幅25米。

云栖竹径古树名木

枫香树 编号：018630100020，三级古树，位于云栖双碑亭北的溪沟西山坡，树龄160年，树高35.5米，胸径0.768米，平均冠幅21.75米。

第四章 杭州 云栖竹径古树名木形貌之美

枫香树 编号：018630100023，三级古树，位于云栖洗心亭东竹林中，树龄180年，树高36.1米，胸径0.924米，平均冠幅22米。

枫香树 编号：018630100024，三级古树，位于云栖洗心亭东竹林中，树龄160年，树高36.5米，胸径0.892米，平均冠幅23.5米。

第四章 杭州 云栖竹径古树名木形貌之美

枫香树 编号：018630100027，三级古树，位于云栖洗心亭东竹林中，树龄160年，树高34.3米，胸径0.844米，平均冠幅19.5米。

杭州 云栖竹径古树名木

枫香树　编号：018630100028，三级古树，位于云栖洗心亭东竹林中，树龄180年，树高35.8米，胸径0.924米，平均冠幅17米。

第四章 杭州 云栖竹径古树名木形貌之美

枫香树 编号：018630100035，三级古树，位于云栖回龙亭北，树龄230年，树高32.9米，胸径0.924米，平均冠幅29.95米。

杭州 云栖竹径古树名木

枫香树 编号：018630100050，三级古树，位于云栖至五云山防火牌楼前竹林边，树龄160年，树高34.8米，胸径0.783米，平均冠幅23.5米。

第四章 杭州云栖竹径古树名木形貌之美

枫香树 编号：018630100053，三级古树，位于云栖双碑亭北的溪沟石坎，树龄180年，树高28.3米，胸径0.796米，平均冠幅14.85米。

枫香树 编号：018630100056，三级古树，位于云栖双碑亭北侧石板路东坡，树龄180年，树高38.7米，胸径0.904米，平均冠幅17.5米。

第四章 杭州 云栖竹径古树名木形貌之美

枫香树 编号：018630100061，三级古树，位于云栖至五云山防火牌楼前竹林中，树龄160年，树高29米，胸径0.748米，平均冠幅22.7米。

枫香树 编号：018630100068，三级古树，位于云栖莲池大师墓西北山坡，树龄160年，树高24米，胸径0.732米，平均冠幅18.55米。

第四章 杭州 云栖竹径古树名木形貌之美

枫香树 编号：018630100119，三级古树，位于云栖兜云亭东山坡，树龄260年，树高30.7米，胸径0.876米，平均冠幅17.4米。

枫香树 编号：018630100143，三级古树，位于云栖兜云亭东山坡，树龄260年，树高32.7米，胸径0.936米，平均冠幅21.95米。

第四章 杭州 云栖竹径古树名木形貌之美

枫香树 **编号：**018630100154，三级古树，位于云栖奥后山坡，树龄160年，树高32米，胸径0.717米，平均冠幅9.5米。

枫香树 编号：018630100155，三级古树，位于云栖游步道军区茶厂入口西侧，树龄100年，树高25米，主干5.5米处分2叉，枝叶浓密，胸径0.764米，平均冠幅17米。

第四章 杭州 云栖竹径古树名木形貌之美

枫香树 编号：018630100156，三级古树，位于云栖游步道军区茶厂入口东侧，树龄100年，树高24米，主干稍通直，10米处始分枝，枝叶浓密，胸径0.806米，平均冠幅15.5米。

枫香树　编号：018630100158，三级古树，位于云栖售票亭北侧林溪沟边，树龄100年，树高24米，主干向西倾斜，16米处分3叉，枝叶浓密，胸径0.828米，平均冠幅20米。

第四章 杭州 云栖竹径古树名木形貌之美

枫香树 编号：018630100159，三级古树，位于云栖售票亭东北侧林中，树龄100年，树高20米，主干向南弯曲，12米处分2枝，胸径0.796米，平均冠幅13米。

云栖竹径古树名木

枫香树 编号：018630100160，三级古树，位于云栖售票亭东北侧林中，树龄200年，树高28米，胸径0.987米，平均冠幅18.5米。

第四章 杭州云栖竹径古树名木形貌之美

枫香树 **编号：** 018630100163，三级古树，位于云栖木栈道西，树龄200年，树高30米，主干通直，稍向南倾斜，12米处分3叉，枝叶浓密。胸径0.994米，平均冠幅21米。

枫香树　编号：018630100164，三级古树，位于云栖木栈道观景台北，树龄100年，树高28米，主干通直，18米处分4叉，枝叶浓密。胸径0.885米，平均冠幅21.5米。

第四章　云栖竹径古树名木形貌之美

枫香树　编号：018630100165，三级古树，位于云栖碑亭北侧竹林游步道边，树龄100年，树高30米，主干通直，10米处分2叉，树冠稍向北倾斜，枝叶浓密。胸径0.847米，平均冠幅20.5米。

云栖竹径古树名木

枫香树 编号：018630100166，三级古树，位于云栖碑亭北侧竹林游步道边，树龄100年，树高24米，主干通直，8米处分2叉，树冠稍向南倾斜，枝叶浓密。胸径0.726米，平均冠幅16.5米。

第四章 杭州 云栖竹径古树名木形貌之美

枫香树 编号：018630100167，三级古树，位于云栖铁索桥西南侧石桥边。树龄100年，树高27米，胸径0.828米，平均冠幅20米。

云栖竹径古树名木

枫香树　编号：018630100169，三级古树，位于云栖铁索桥东端北侧5米，树龄100年，树高30米，主干通直，15米处分枝，上部枝干稍弯曲，枝叶浓密。胸径0.850米，平均冠幅20米。

第四章 杭州 云栖竹径古树名木形貌之美

枫香树 编号：018630100170，三级古树，位于云栖铁索桥东端北侧0.6米，树龄100年，树高20米，主干和树冠向西北偏斜，主干10米处分2叉，枝叶浓密。胸径0.717米，平均冠幅17米。

枫香树　编号：018630100171，三级古树，位于云栖铁索桥东端南侧8米，树龄100年，树高20米，主干通直，15米处分枝，枝叶浓密。胸径0.717米，平均冠幅17米。

二、苦槠 *Castanopsis sclerophylla* (Lindl.) Schott.

科：壳斗科　　**属**：锥属

资源分布：云栖竹径内共有苦槠古树15株，其中一级3株，二级7株，三级5株。主要位于洗心亭、回龙亭、双碑亭、云栖奥等地。

形态特征：乔木，高5～10米，胸径30～50厘米，树皮浅纵裂，呈片状剥落，小枝灰色，散生皮孔，当年生枝红褐色，略具棱，枝、叶均无毛。

叶二列，叶片革质，长椭圆形、卵状椭圆形或兼有倒卵状椭圆形，顶部渐尖或骤狭急尖，短尾状，基部近于圆或宽楔形，通常一侧略短且偏斜，叶缘在中部以上有锯齿状锐齿，很少兼有全缘叶，中脉在叶面至少下半段微凸起，上半段微凹陷，支脉明显或甚纤细，成叶叶背淡银灰色；叶柄长1.5～2.5厘米。花期4～5月，果期10～11月成熟。

生长习性：苦槠主要分布在中国岭南以北、长江以南的中部地区，见于海拔200～1000米丘陵或山坡密林中，常与杉、樟混生，村边、路旁时有栽培。苦槠喜光，耐干旱、耐贫瘠，适应性非常强，能够在深厚、湿润的土壤中生长，同时也能够适应干旱和瘠薄的土壤条件。这种植物的病虫害极少，生长速度中等，且具有较强的萌芽力。

应用价值：苦槠属常绿乔木，是中国南方主要的用材林树种，与马尾松、杉木、湿地松等树种混交造林，病虫害极少，又能起到良好的森林防火作用。苦槠树枯落叶多，能改良土壤，增加土壤肥力，具有保持水土、涵养水源的功能，是营造水源涵养林的先锋树种。种仁（子叶）是制粉条和豆腐的原料，制成的豆腐称为苦槠豆腐。环孔材，仅具细木射线，木材淡棕黄色，属白锥类，较密致、坚韧，富有弹性。苦槠有通气解暑、散滞化瘀的功效，特别对痢疾和腹泻有独到的疗效。

文化故事：苦槠具有悠久的饮食文化。在浙江，苦槠存在的历史也非常悠久，在史前就有较广泛的分布。植物学家、农学家和考古学家曾联合组队，对浙江余姚河姆渡文化遗址出土的植物遗存进行鉴定、研究，结果显示其中就有苦槠果实。李时珍在《本草纲目》槠子条目中记载："（苦槠）结实大如槲子，外有小苞，霜后苞裂子坠。子圆褐而有尖，大如菩提子。内仁如杏仁，生食苦涩，煮、炒乃带甘，亦可磨粉"。现在在浙江部分区域还存在苦槠豆腐这一美食。

苦槠　**编号：** 018610100067，一级古树，位于莲池大师墓西北山坡，树龄610年，树高20米，胸径1.1米，平均冠幅13.8米。

第四章 杭州云栖竹径古树名木形貌之美

苦槠 编号：018610100124，一级古树，位于生产班东南面山林中，树龄610年，树高22.3米，胸径0.4米，平均冠幅14米。

苦槠　编号：018610100073，一级古树，位于遇雨亭东上坡，树龄510年，树高22米，胸径1.1米，平均冠幅15.5米。

第四章 杭州 云栖竹径古树名木形貌之美

苦槠 编号：018620100033，二级古树，位于回龙亭旁，树龄430年，树高17.8米，胸径1.1米，平均冠幅11.4米。

云栖竹径古树名木

苦槠 编号：018620100176，二级古树，位于遇雨亭西侧林地中，树龄430年，树高17.5米，胸径1.1米，平均冠幅7.75米。

第四章 杭州云栖竹径古树名木形貌之美

苦槠 编号：018620100114，二级古树，位于云栖奥后山坡，树龄360年，树高14.1米，胸径1.2米，平均冠幅13.85米。

云栖竹径古树名木

苦槠　编号：018620100115，二级古树，位于云栖奥后山坡，树龄360年，树高12.3米，胸径1米，平均冠幅9.2米。

第四章 杭州云栖竹径古树名木形貌之美

苦槠　编号：018620100037，二级古树，位于双碑亭西，树龄330年，树高25.6米，胸径1米，平均冠幅17.15米。

苦槠　编号：018620100038，二级古树，位于双碑亭西，树龄330年，树高30.2米，胸径1米，平均冠幅16.85米。

第四章 杭州 云栖竹径古树名木形貌之美

苦槠 **编号**：018620100110，二级古树，位于云栖坞后山坡，树龄330年，树高8.4米，胸径1米，平均冠幅8米。

云栖竹径古树名木

苦槠 编号：018630100002，三级古树，位于牌坊100米游步道西，树龄230年，树高25.5米，胸径1米，平均冠幅19.85米。

第四章 杭州云栖竹径古树名木形貌之美

苦槠 编号：01863010069，三级古树，位于接待室东山坡，树龄160年，树高25米，胸径0.9米，平均冠幅14米。

苦槠 编号：018630100074，三级古树，位于遇雨亭东上坡，树龄160年，树高27米，胸径0.8米，平均冠幅17.25米。

第四章 杭州云栖竹径古树名木形貌之美

苦槠 编号：018630100157，三级古树，位于售票亭旁，树龄100年，树高15米，胸径0.5米，平均冠幅8.25米。

云栖竹径古树名木

苦槠 编号：018630100162，三级古树，位于洗心亭东，树龄100年，树高15米，胸径0.5米，平均冠幅8.5米。

三、浙江楠 *Phoebe chekiangensis* C.B.Shang

科：樟科　　**属**：楠属

资源分布：云栖竹径内共有浙江楠古树14株，均为三级古树。主要位于洗心亭、售票亭、双碑亭、遇雨亭等地。

形态特征：乔木，高达20米，胸径达50厘米；树皮淡褐黄色，呈薄片状脱落，具明显的褐色皮孔。小枝有棱，密被黄褐色或灰黑色柔毛或茸毛。叶革质，倒卵状椭圆形或倒卵状披针形，少为披针形。圆锥花序长5~10厘米，密被黄褐色茸毛；果椭圆状卵形，熟时外被白粉；宿存花被片革质，紧贴。种子两侧不等，多胚性。花期4~5月，果期9~10月。

生长习性：分布于丘陵、低山沟谷地或山坡林内。分布区普遍气候特点是温暖湿润，年平均气温16~18℃，年降水量1400~1700毫米，雨水多集中在夏季。土壤为红壤，伴生植物有薄叶润楠、枫香树等。耐阴树种，但到壮龄期要求适当的光照条件，具有深根性，抗风强。

应用价值：浙江楠是中国特有珍稀树种，已被列入国家三级珍稀濒危植物，在植物区系研究上有较高学术意义。分布在杭州云栖一带的浙江楠，已划入国家重点风景保护区范围，严禁砍伐。西天目山自然保护区内的母树也已保护，并进行采种育苗、扩大种植。杭州植物园也已引种栽培。树体高大通直，端庄美观，枝叶繁茂多姿，宜作庭荫树、行道树或风景树，或在草坪中孤植、丛植，也可在大型建筑物前后配置。浙江楠也是世界著名的珍贵用材树种，木材坚硬致密，不翘不裂、不易腐朽、削面光滑美观、芳香而有光泽，为建筑、造船、家具、雕刻和精密模具的上等用材，在国际市场上为木中珍品。

文化故事：楠木，作为珍贵的木质材料，在历史长河中承载着独特的文化价值。在中国的古建筑中，楠木的身影尤为显著。从北京故宫的文渊阁、乐寿堂、太和殿，到清康熙年间修建的承德避暑山庄的"澹泊敬诚"殿。楠木不仅被广泛应用于装修与家具制作，还与紫檀等珍贵木材，共同诠释了古人的智慧与审美。

浙江楠是我国著名植物学家向其柏先生于1974年以采于杭州云栖的植物标本为模式建立的新种，为我国特有植物。1999年8月4日，国务院批准公布的《国家重点保护野生植物名录》（第一批），将浙江楠列为国家二级保护植物。2021年版《国家重点保护野生植物名录》仍将其定为国家二级保护植物。

云栖竹径古树名木

浙江楠　编号：018630100076，三级古树，位于停车场南平台，树龄180年，树高23.8米，胸径0.6米，平均冠幅7.9米。

第四章 杭州 云栖竹径古树名木形貌之美

浙江楠 编号：018630100077，三级古树，位于停车场南平台，树龄180年，树高22.5米，胸径0.6米，平均冠幅9.6米。

杭州云栖竹径古树名木

浙江楠 编号：018630100058，三级古树，位于遇雨亭南侧平地上，树龄160年，树高18米，胸径0.6米，平均冠幅9.55米。

第四章 杭州 云栖竹径古树名木形貌之美

浙江楠 编号：018630100044，三级古树，位于双碑亭北侧平地上，树龄130年，树高16.5米，胸径0.5米，平均冠幅5米。

云栖竹径古树名木

浙江楠　编号：018630100052，三级古树，位于双碑亭北，树龄130年，树高23.7米，胸径0.5米，平均冠幅11.1米。

第四章 杭州云栖竹径古树名木形貌之美

浙江楠 编号：018630100004，三级古树，位于售票亭外平台上一排，树龄110年，树高9.8米，胸径0.6米，平均冠幅12.5米。

云栖竹径古树名木

浙江楠 编号：018630100005，三级古树，位于售票亭外平台上一排，树龄110年，树高15.8米，胸径0.6米，平均冠幅14米。

第四章 杭州云栖竹径古树名木形貌之美

浙江楠 编号：018630100006，三级古树，位于售票亭外平台上一排，树龄110年，树高10米，胸径0.5米，平均冠幅10米。

浙江楠　编号：018630100007，三级古树，位于售票亭外平台上一排，树龄110年，树高11.4米，胸径0.5米，平均冠幅9.65米。

第四章 杭州 云栖竹径古树名木形貌之美

浙江楠 编号：018630100008，三级古树，位于售票亭外平台上一排，树龄110年，树高16米，胸径0.6米，平均冠幅17.5米。

杭州云栖竹径古树名木

浙江楠 编号：018630100021，三级古树，位于双碑亭北；溪沟西山坡，树龄110年，树高29米，胸径0.5米，平均冠幅11.65米。

第四章 杭州云栖竹径古树名木形貌之美

浙江楠 编号：018630100049，三级古树，位于双碑亭北侧路西平地上，树龄110年，树高23.8米，胸径0.6米，平均冠幅9.6米。

浙江楠 编号：018630100051，三级古树，位于双碑亭北侧路西平地上，树龄110年，树高14.6米，胸径0.4米，平均冠幅10.7米。

第四章　云栖竹径古树名木形貌之美

浙江楠　**编号：**018630100161，三级古树，位于洗心亭南，树龄100年，树高20米，胸径0.6米，平均冠幅14.5米。

四、樟 *Camphora officinarum* (Linn.) Presl

科：樟科　**属**：樟属

资源分布：云栖竹径内共有樟古树名木11株，其中一级名木2株，二级古树1株，三级古树8株。主要位于停车场、回龙亭、双碑亭、兜云亭等地。

形态特征：乔木，高可达30米，直径可达3米，树冠广卵形；枝、叶及木材均有樟脑气味；树皮黄褐色，有不规则的纵裂。顶芽广卵形或圆球形，鳞片宽卵形或近圆形，外面略被绢状毛。枝条圆柱形，淡褐色，无毛。叶互生，卵状椭圆形，圆锥花序腋生；果卵球形或近球形，紫黑色；果托杯状，顶端截平，具纵向沟纹。花期4～5月，果期8～11月。

生长习性：常生于山坡或沟谷中。一般樟适宜生长在海拔小于1800米的地区。樟在光照充足、气候温暖、湿润的环境下长势良好，耐寒性不强，对土壤没有严格的要求，以在pH值呈微酸性的土壤中长势最好，其对涝灾的环境具有一定的抗性，在干旱的环境中长势不佳。

应用价值：樟是中国南方最常见的绿化树种，广泛用作庭荫树、行道树。科学研究证明，樟所散发出的化学物质沁人心脾，因此它是城市绿化的优良树种。其木材及根、枝、叶可提取樟脑和樟油，樟脑和樟油供医药及香料工业用。果核含脂肪，含油量约40%，油供工业用。根、果、枝和叶入药，有祛风散寒、强心镇痉和杀虫等功效。

文化故事：1987年4月4日上午，天气晴朗，中共中央政治局常委陈云同志在省市委领导的陪同下，来到云栖。在陈云亭旁，亲手栽下了象征常青的香樟树，整个活动历时2个多小时。游客看到陈云同志身体健康，尤其亲手栽树时，心情都十分激动，纷纷鼓掌，表示对老一辈无产阶级革命家的敬意，首长也频频向群众致意，活动气氛十分融洽。

第四章 杭州 云栖竹径古树名木形貌之美

樟　编号： 018600100174，名木，位于云栖碑亭，树龄35年，树高12.4米，胸径0.3米，平均冠幅9.25米。

樟　编号： 018600100175，名木，位于云栖碑亭，树龄35年，树高14.3米，胸径0.3米，平均冠幅5.95米。

杭州 云栖竹径古树名木

樟 编号： 018620100140，二级古树，位于停车场东边石砌围护中，树龄330年，树高24.2米，胸径0.7米，平均冠幅23.75米。

第四章 杭州 云栖竹径古树名木形貌之美

樟　编号：018630100063，三级古树，位于兜云亭北山坡，树龄260年，树高33.1米，胸径1.1米，平均冠幅18.4米。

樟　编号：018630100109，三级古树，位于云栖奥后山坡，树龄260年，树高17米，胸径1.1米，平均冠幅18米。

第四章 杭州 云栖竹径古树名木形貌之美

樟　编号：018630100116，三级古树，位于停车场南平台，树龄180年，树高35.3米，胸径0.9米，平均冠幅22.95米。

云栖竹径古树名木

樟 编号： 018630100122，三级古树，位于生产班旁军区茶厂内平地，树龄180年，树高22.7米，胸径1米，平均冠幅20.3米。

第四章 杭州 云栖竹径古树名木形貌之美

樟 编号：018630100079，三级古树，位于停车场西侧山坡，树龄160年，树高32.9米，胸径1米，平均冠幅22.5米。

樟　编号：018630100113，三级古树，位于云栖奥后山坡，树龄160年，树高22.3米，胸径0.6米，平均冠幅15.2米。

第四章 杭州 云栖竹径古树名木形貌之美

樟　编号：018630100034，三级古树，位于回龙亭南路边坎上，树龄150年，树高28米，胸径0.9米，平均冠幅23.7米。

杭州 云栖竹径古树名木

樟 编号：018630100142，三级古树，位于双碑亭北侧平地上，树龄130年，树高19.6米，胸径0.8米，平均冠幅13.85米。

五、红果榆 *Ulmus szechuanica* Fang

科：榆科　　**属**：榆属

资源分布：云栖竹径内共有红果榆古树6株，均为三级古树。主要位于游步道西坎、回龙亭、双碑亭等地。

形态特征：落叶乔木，高可达28米，胸径可达80厘米；树皮暗灰色、灰黑色或褐灰色，呈不规则纵裂，粗糙；当年生枝淡灰色或灰色，幼时有毛，后变无毛或有疏毛，皮孔淡黄色；萌发枝的毛较密，有时具周围大而不规则纵裂的木栓层；冬芽卵圆形，芽鳞背面外露部分几无毛或有疏毛，下部毛较密，内部芽鳞的边缘毛较长而明显。

叶倒卵形、椭圆状倒卵形、卵状长圆形或椭圆状卵形，长2.5~9厘米，宽1.7~5.5厘米（萌发枝的叶长达13.5厘米，宽7厘米），先端急尖或渐尖，稀尾状，基部偏斜，楔形、圆形或近心脏形，叶面幼时有短毛，沿中脉常有长柔毛，后则无毛，有时具圆形毛迹，不粗糙（萌发枝的叶面粗糙），叶背初有疏毛，沿主侧脉毛较密，后变无毛，有时脉腋具簇生毛，边缘具重锯齿，侧脉每边9~19条，叶柄长5~12毫米，无毛或上面有毛。花在旧生枝上排成簇状聚伞花序。

翅果近圆形或倒卵状圆形，长11~16毫米，宽9~13毫米，除顶端缺口柱头被毛外，余处无毛，果核部分位于翅果的中部或近中部，上端接近缺口，淡红色、褐色、红色或紫红色，宿存花被无毛，钟形，浅4裂，果柄较花被为短，长1~2毫米，有短柔毛。花果期3~4月。

生长习性：分布于安徽南部、江苏南部、浙江北部、江西及四川中部。生长于平原、低丘或溪涧旁酸性土及微酸性土之阔叶林中。

应用价值：红果榆为落叶乔木，树形婆娑，姿态优美。尤其是其特有的翅果，果形奇特，可作为园林观赏树种。红果榆适合广场、庭院、公园、街头绿地等植物造景应用，也可以作为行道树栽培。心材红褐色，边材白色，材质坚韧，硬度适中，纹理直，结构略粗。可供制家具、农具、器具等用。树皮纤维可制绳索及人造棉。

文化故事：每逢节庆，老百姓就会来到红果榆树下祈福，希望古榆能给自己和家庭带来美满和幸福。它主干高耸、庄严，树枝遒劲有力，其一枝干直立擎空，或向四周舒展，似伸手迎客，又似翩翩起舞，造型极其优美，在岁月的见证下郁郁葱葱，生机勃勃。

云栖竹径古树名木

红果榆 编号：018630100029，三级古树，位于游步道西坎上，树龄180年，树高24.1米，胸径0.9米，平均冠幅17.65米。

第四章 杭州 云栖竹径古树名木形貌之美

红果榆 编号：018630100036，三级古树，位于回龙亭北，树龄180年，树高33.2米，胸径0.8米，平均冠幅24.05米。

红果榆 编号：018630100043，三级古树，位于双碑亭北侧平地石坎旁，树龄180年，树高33.2米，胸径0.7米，平均冠幅14.55米。

第四章 杭州云栖竹径古树名木形貌之美

红果榆 编号：018630100046，三级古树，位于双碑亭北侧平地上，树龄160年，树高18.4米，胸径0.6米，平均冠幅13.55米。

红果榆 编号：018630100117，三级古树，位于遇雨亭东侧林地，树龄130年，树高27.1米，胸径0.7米，平均冠幅12.55米。

第四章 杭州 云栖竹径古树名木形貌之美

红果榆 编号：018630100120，三级古树，位于双碑亭西北，树龄125年，树高14.7米，胸径0.5米，平均冠幅14.5米。

六、槐 *Sophora japonica* (Dum.-Cour.) Linn.

科：豆科　　**属**：槐属

资源分布：云栖竹径内共有槐古树6株，其中二级1株，三级5株。主要位于游步道、洗心亭、双碑亭、休养所后山坡等地。

形态特征：落叶乔木，高达25米；树皮灰褐色，具纵裂纹。当年生枝绿色，无毛。羽状复叶长达25厘米；叶柄基部膨大，包裹着芽；托叶形状多变，有时呈卵形，叶状，有时线形或钻状，早落；小叶4～7对，对生或近互生，纸质，卵状披针形或卵状长圆形，先端渐尖，具小尖头，基部宽楔形或近圆形，稍偏斜，下面灰白色，初被疏短柔毛，旋变无毛；小托叶2枚，钻状。圆锥花序顶生，常呈金字塔形。荚果串珠状。种子卵球形，淡黄绿色，干后黑褐色。花期6～7月，果期8～10月。

生长习性：喜光而稍耐阴，能适应较冷气候，根深而发达；对土壤要求不严，在酸性至石灰性及轻度盐碱土条件下都能正常生长；抗风，也耐干旱、瘠薄，能适应城市土壤板结等不良环境条件。

应用价值：槐是庭院常见的特色树种，其枝叶茂密，绿荫如盖，适作庭荫树，在中国北方多用作行道树。树冠优美，花芳香，是行道树和优良的蜜源植物。其木材富弹性，耐水湿。可供建筑、船舶、枕木、车辆及雕刻等用。种仁含淀粉，可供酿酒或作糊料、饲料。种子榨油供工业用；槐角的外果皮可提馅糖等。

文化故事：自唐代开始，科举考试关乎读书士子的功名利禄、荣华富贵，因"槐"与"魁"相近，读书人总是对槐情有独钟。沿着云栖游步道石阶梯而上，象征着三公之位，举仕有望，承载着古人企盼子孙后代得魁星神君之佑而登科入仕的愿景。

第四章 杭州 云栖竹径古树名木形貌之美

槐 编号：018620100057，二级古树，位于遇雨亭边下坡，树龄420年，树高25米，胸径0.9米，平均冠幅17米。

槐 编号：018630100112，三级古树，位于云栖坞后山坡，树龄260年，树高16.6米，胸径0.84米，平均冠幅14.1米。

第四章　云栖竹径古树名木形貌之美

槐　编号：018630100010，三级古树，位于游步道西边竹林，树龄230年，树高23.7米，胸径0.7米，平均冠幅23.9米。

云栖竹径古树名木

槐　编号：018630100107，三级古树，位于云栖坞后山坡，树龄210年，树高24.1米，胸径0.7米，平均冠幅15.6米。

第四章 杭州 云栖竹径古树名木形貌之美

槐　编号：018630100022，三级古树，位于双碑亭北的溪沟西山脚，树龄180年，树高15.7米，胸径0.5米，平均冠幅14米。

云栖竹径古树名木

槐 编号： 018630100011，三级古树，位于洗心亭东南平坡，树龄160年，树高15.3米，胸径0.7米，平均冠幅10.5米。

七、豹皮樟 *Litsea coreana* Levl. var. *sinensis* (Allen) Yang et P. H. Huang

科：樟科　　**属**：木姜子属

资源分布：云栖竹径内共有豹皮樟古树2株，均为三级古树。主要位于遇雨亭周边。

形态特征：常绿乔木，高15米，胸径40厘米，平均冠幅6.5米；树皮灰色，呈小鳞片状剥落，脱落后呈鹿皮斑痕。幼枝红褐色，无毛，老枝黑褐色，无毛。顶芽卵圆形，先端钝，鳞片无毛或仅上部有毛。叶互生，长圆形或披针形，长4.5~9.5厘米，宽1.4~4厘米，先端多急尖。基部楔形，革质，上面深绿色，无毛，下面粉绿色，无毛，羽状脉；叶柄长6~16毫米，叶柄上面有柔毛，下面无毛。伞形花序腋生，无总梗或有极短的总梗；苞片4，交互对生，近圆形，外面被黄褐色丝状短柔毛，内面无毛；每一花序有花3~4朵。果近球形，直径7~8毫米；果托扁平，宿存有6裂花被裂片；果梗长约5毫米，颇粗壮。

生长习性：产于江苏、浙江、安徽、河南、湖北、江西、福建等地。生于海拔900米以下的山地杂木林中。花期8~9月，果期翌年夏季。

应用价值：民间用根治疗胃脘胀痛。

云栖竹径古树名木

豹皮樟 编号：018630100066，三级古树，位于遇雨亭东南上坡，树龄230年，树高15.5米，胸径0.4米，平均冠幅8.3米。

第四章 杭州云栖竹径古树名木形貌之美

豹皮樟 编号：018630100071，三级古树，位于遇雨亭东山坡，树龄210年，树高6米，胸径0.5米，平均冠幅5.65米。

八、青冈栎 *Quercus glauca* Thunb.

科：壳斗科　**属**：栎属

资源分布：云栖竹径内共有青冈栎古树2株，均为三级古树。主要位于兜云亭、莲池大师墓等地。

形态特征：常绿乔木，高达25米，胸径达1米，平均冠幅15米。小枝无毛。叶片革质，倒卵状椭圆形或长椭圆形，长6~13厘米，宽2~5.5厘米，顶端渐尖或短尾状，基部圆形或宽楔形，叶缘中部以上有疏锯齿，侧脉每边9~13条，叶背支脉明显，叶面无毛，叶背有整齐平伏白色单毛，老时渐脱落，常有白色鳞秕；叶柄长1~3厘米。雄花序长5~6厘米，花序轴被苍色茸毛。果序长1.5~3厘米，着生果2~3个。小苞片合生成5~6条同心环带，环带全缘或有细缺刻，排列紧密。坚果卵形、长卵形或椭圆形，直径0.9~1.4厘米，高1~1.6厘米，无毛或被薄毛，果脐平坦或微凸起。花期4~5月，果期10月。

生长习性：产地较广，西北、华东、华南、西南等地均有分布。生于海拔60~2600米的山坡或沟谷，组成常绿阔叶林或常绿阔叶与落叶阔叶混交林。

应用价值：木材坚韧，可供车船、工具柄等用材；种子含淀粉60%~70%，可作饲料、酿酒，树皮含鞣质16%，壳斗含鞣质10%~15%，可提制栲胶。

第四章 杭州 云栖竹径古树名木形貌之美

青冈栎 编号：018630100064，三级古树，位于莲池大师墓边上，树龄210年，树高21.1米，胸径0.4米，平均冠幅11.65米。

青冈栎 编号：018630100062，三级古树，位于兜云亭北山脚，树龄160年，树高25.3米，胸径0.7米，平均冠幅15.8米。

九、糙叶树 *Aphananthe aspera* (Thunb.) Planch.

科：大麻科　　**属**：糙叶树属

资源分布：云栖竹径内共有糙叶树古树2株，均为三级古树。主要位于停车场、铁索桥等地。

形态特征：落叶乔木，高达25米，胸径达50厘米，稀灌木状；树皮带褐色或灰褐色，有灰色斑纹，纵裂，粗糙，当年生枝黄绿色，疏生细伏毛，1年生枝红褐色，毛脱落，老枝灰褐色，皮孔明显，圆形。叶纸质，卵形或卵状椭圆形，先端渐尖或长渐尖，基部宽楔形或浅心形，边缘锯齿有尾状尖头，基生三出脉，其侧生的一对直伸达叶的中部边缘，侧脉6~10对，叶背疏生细伏毛，叶面被刚伏毛，粗糙；叶柄长5~15毫米，被细伏毛；托叶膜质，条形。花期3~5月，果期8~10月。

生长习性：喜光也耐阴，喜温暖湿润的气候和深厚肥沃砂质壤土。对土壤的要求不严，但不耐干旱瘠薄，抗烟尘和有毒气体，常生长在丘陵疏林、山谷密林、向阳林缘等地。

应用价值：枝皮纤维供制人造棉、绳索用；木材坚硬细密，不易拆裂，可供制家具、农具和建筑用；叶可作马饲料，干叶面粗糙，供铜、锡和牙角器等摩擦用。其根皮及树皮甘、淡，性温，具有活血化瘀的功效，可治腰部损伤酸痛等症状。

杭州 云栖竹径古树名木

糙叶树　编号：018630100001，三级古树，位于停车场东侧牌坊后小桥边，树龄180年，树高17.9米，胸径1米，平均冠幅10.85米。

第四章 杭州 云栖竹径古树名木形貌之美

糙叶树 编号：018630100168，三级古树，位于铁索桥西端南边，树龄100年，树高21米，胸径0.5米，平均冠幅12.5米。

十、银杏 Ginkgo biloba Linn.

科：银杏科　**属**：银杏属

资源分布：云栖竹径内共有银杏古树2株，均为三级古树。主要位于售票亭外、停车场等地。

形态特征：落叶乔木，高达40米，胸径可达4米；幼树树皮浅纵裂，大树之皮呈灰褐色，深纵裂，粗糙；幼年及壮年树冠圆锥形，老则广卵形；枝近轮生，斜上伸展（雌株的大枝常较雄株开展）；叶扇形，有长柄，淡绿色，无毛，有多数叉状并列细脉，在短枝上常具波状缺刻，在长枝上常2裂，基部宽楔形，柄长3～10（多为5～8）厘米，幼树及萌生枝上的叶常较深裂，有时裂片再分裂（这与较原始的化石种类之叶相似），叶在1年生长枝上螺旋状散生，在短枝上3～8叶呈簇生状，秋季落叶前变为黄色。

生长习性：喜光树种，深根性，对气候、土壤的适应性较强，能在高温多雨及雨量稀少、冬季寒冷的地区生长，但生长缓慢或不良；能生于酸性土壤（pH值4.5）、石灰性土壤（pH值8）及中性土壤上，但不耐盐碱土及过湿的土壤。在海拔1000米以下（云南1500～2000米），气候温暖湿润，年降水量700～1500毫米，土层深厚、肥沃湿润、排水良好的地区生长最好，在土壤瘠薄干燥、多石山坡、过度潮湿的地方均不易成活或生长不良。

应用价值：银杏树形优美，春夏季叶色嫩绿，秋季变成黄色，颇为美观，可作庭园树及行道树。银杏为速生珍贵的用材树种，边材淡黄色，心材淡黄褐色，结构细，质轻软，富弹性，易加工，有光泽，不易开裂，不反翘，为优良木材，供建筑、家具、室内装饰、雕刻、绘图板等用。叶可作药用和制杀虫剂，亦可作肥料。银杏为银杏科唯一生存的种类，是活化石植物，又是珍贵的用材和干果树种，由于具有许多原始性状，对研究裸子植物系统发育、古植物区系、古地理及第四纪冰川气候有重要价值。

文化故事：银杏树为高大落叶乔木，树干挺拔，树形优美，抗病害力强，耐污染力高，寿龄绵长，几达数千年。它以其苍劲的体魄，独特的性格，清奇的风骨，较高的观赏价值和经济价值而受到世人的钟爱和青睐。唐代诗人王维曾作诗咏曰："文杏栽为梁，香茅结为宇。不知栋里云，去做人间雨。"宋代大诗词家苏东坡有诗赞曰："四壁峰山，满目清秀如画。一树擎天，圈圈点点文章。"

沿着云栖竹径攀爬至五云山上，这里有着一株杭州市区内最年长的银杏树。每到秋季，树叶一片金黄，吸引着大批游客在古树前祈福祈愿。

第四章 杭州云栖竹径古树名木形貌之美

银杏 编号： 018630100003，三级古树，位于云栖竹径售票亭外50米游步道边，树龄180年，树高22.7米，胸径0.8米，平均冠幅21米。

云栖竹径古树名木

银杏 编号： 018630100153，三级古树，位于云栖竹径停车场南平台上，树龄125年，树高21米，胸径0.5米，平均冠幅11.2米。

十一、木樨 Osmanthus fragrans (Thunb.) Lour.

科：木樨科　　**属**：木樨属

资源分布：云栖竹径内共有木樨古树2株，均为三级古树。主要位于云栖奥、莲池大师墓等地。

形态特征：常绿乔木，高13米，胸径达50厘米，平均冠幅10米；树皮灰褐色。小枝黄褐色，无毛。叶片革质，椭圆形、长椭圆形或椭圆状披针形，长7～14.5厘米，宽2.6～4.5厘米，先端渐尖，基部渐狭呈楔形或宽楔形，全缘或通常上半部具细锯齿，两面无毛，腺点在两面连成小水泡状突起，中脉在上面凹入，下面凸起，侧脉6～8对，多达10对，在上面凹入，下面凸起；叶柄长0.8～1.2厘米，最长可达15厘米，无毛。聚伞花序簇生于叶腋，或近于聚伞状，每腋内有花多朵；苞片宽卵形，质厚，长2～4毫米，具小尖头，无毛；花梗细弱，长4～10毫米，无毛；花极芳香；花萼长约1毫米，裂片稍不整齐；花冠黄白色、淡黄色、黄色或橘红色，长3～4毫米，花冠管仅长0.5～1毫米；雄蕊着生于花冠管中部，花丝极短，长约0.5毫米，花药长约1毫米，药隔在花药先端稍延伸呈不明显的小尖头；雌蕊长约1.5毫米，花柱长约0.5毫米。果歪斜，椭圆形，长1～1.5厘米，呈紫黑色。花期9～10月上旬，果期翌年3月。

生长习性：原产我国西南部，现各地广泛栽培。

应用价值：花为名贵香料，可作食品香料，也是园林观赏花卉。

文化故事：木樨又称桂花，是杭州市市花，具有丰富的文化内涵，历史上多有咏桂之作。

芗林五十咏·丛桂

（宋）杨万里

不是人间种，移从月中来。

广寒香一点，吹得满山开。

杭州 云栖竹径古树名木

木樨 编号：018630100059，三级古树，位于云栖奥民国楼旁，树龄160年，树高13米，胸径0.5米，平均冠幅10.85米。

第四章 杭州 云栖竹径古树名木形貌之美

木樨 编号：018630100118，三级古树，位于莲池大师墓前平地，树龄160年，树高18.7米，胸径0.4米，平均冠幅9.85米。

十二、七叶树 Aesculus chinensis Bunge

科：无患子科 **属**：七叶树属

资源分布：云栖竹径内共有七叶树古树2株，均为三级古树。主要位于双碑亭、停车场等地。

形态特征：落叶乔木，高达25米，树皮深褐色或灰褐色，小枝圆柱形，黄褐色或灰褐色，无毛或嫩时有微柔毛，有圆形或椭圆形淡黄色的皮孔。冬芽大型，有树脂。掌状复叶，叶柄长10～12厘米，有灰色微柔毛；小叶纸质，长圆状披针形至长圆状倒披针形，基部楔形或阔楔形，边缘有钝尖形的细锯齿，长8～16厘米，宽3～5厘米，上面深绿色，无毛，下面除中肋及侧脉的基部嫩时有疏柔毛外，其余部分无毛；中肋在上面显著，在下面凸起，侧脉13～25对，在上面微显著，在下面显著；中央小叶的小叶柄长1～1.8厘米，两侧的小叶柄长5～10毫米，有灰色微柔毛。

花序圆筒形，连同长5～10厘米的总花梗在内，共长21～25厘米，花序总轴有微柔毛，小花序常由5～10朵花组成。花杂性，雄花与两性花同株；子房在雄花中不发育，在两性花中发育良好，卵圆形，花柱无毛。花期4～6月，果期9～10月。

生长习性：七叶树原产于中国黄河流域，在中国陕西、山西、河北、江苏、浙江等地有分布。七叶树喜欢温暖湿润的气候，较耐寒，耐半阴，深根性，畏酷热，在土层深厚、排水良好而肥沃湿润之地生长良好，生长较慢，而寿命长。

应用价值：七叶树树干耸直，冠大阴浓，初夏繁花满树，硕大的白色花序又似一盏华丽的烛台，蔚然可观，是优良的行道树和园林观赏植物，可作人行步道、公园、广场绿化树种，既可孤植也可群植，或与常绿树和阔叶树混种。在欧美、日本等地将七叶树作为行道树、庭荫树广泛栽培，北美洲将红化或粉花及重瓣七叶树园艺变种种在道路两旁，花开之时风景十分美丽。中国常将七叶树孤植或栽于建筑物前及疏林之间。

文化故事：七叶树是佛教用树之一，多见于佛寺绿化，是一种特有的植物文化。

第四章 杭州云栖竹径古树名木形貌之美

七叶树 编号：018630100045，三级古树，位于云栖双碑亭北侧平地上，树龄230年，树高36.8米，胸径0.9米，平均冠幅19米。

云栖竹径古树名木

七叶树 编号：018610100075，三级古树，位于云栖停车场西侧山坡，树龄160年，树高25.8米，胸径0.9米，平均冠幅18.35米。

十三、木荷 *Schima superba* Gardn. et Champ.

科：山茶科　　**属**：木荷属

资源分布：云栖竹径内共有木荷古树2株，均为三级古树。主要位于回龙亭、遇雨亭等地。

形态特征：大乔木，高25米，嫩枝通常无毛。叶革质或薄革质，椭圆形，长7~12厘米，宽4~6.5厘米，先端锐尖，有时略钝，基部楔形，上面干后发亮，下面无毛，侧脉7~9对，在两面明显，边缘有钝齿；叶柄长1~2厘米。

花生于枝顶叶腋，常多朵排成总状花序，直径3厘米，白色，花柄长1~2.5厘米，纤细，无毛；萼片半圆形，长2~3毫米，外面无毛，内面有绢毛；花瓣长1~1.5厘米，最外1片风帽状，边缘多少有毛；子房有毛。蒴果直径1.5~2厘米。花期6~8月。

生长习性：喜光，幼年稍耐庇荫。适应亚热带气候，分布区年降水量1200~2000毫米，年平均气温15~22℃。对土壤适应性较强，酸性土如红壤、红黄壤、黄壤上均可生长，但以在肥厚、湿润、疏松的砂壤土生长良好。

应用价值：木荷，又名何木，有红何木、银何木、竹叶何木等品种，夏天开白花，芳香四溢。木荷属阴性，与其他常绿阔叶树混交成林，发育甚佳，木荷常组成上层林冠，适于在草坪中及水滨边隅土层深厚处栽植。木荷叶是药材基源，为山茶科植物木荷的叶。常在春、夏季采收，鲜用或晒干。

木荷的生态价值表现在以下几个方面。

（1）木荷树冠高大，叶子浓密。一条由木荷树组成的林带，就像一堵高大的防火墙，能将熊熊大火阻断隔离。

（2）广繁殖性。它的种子轻薄，扩散能力强。木荷种子薄如纸，每千克达20多万粒。种子成熟后，能在自然条件下随风传播60~100米，这就为它扩大繁殖奠定了基础。

（3）木荷有很强的适应性。既能单独种植形成防火带，又能混生于松、杉、樟等林木之中，起到局部防燃阻火的作用。

（4）木荷能抑制其他植物在其树下生长，形成空地，可从低处阻隔山火。

杭州 云栖竹径古树名木

木荷 编号：018630100072，三级古树，位于云栖遇雨亭东上坡，树龄160年，树高20米，胸径0.5米，平均冠幅9.5米。

第四章 杭州云栖竹径古树名木形貌之美

木荷 编号：018630100121，三级古树，位于云栖回龙亭东山坡，树龄130年，树高22.2米，胸径0.8米，平均冠幅15.05米。

十四、日本柳杉 Cryptomeria japonica (L. f.) D.Don

科：杉科　**属**：柳杉属

资源分布：云栖竹径内共有日本柳杉古树2株，均为三级古树。主要位于双碑亭。

形态特征：乔木，在原产地高达40米，胸径可达2米；树皮红褐色，纤维状，裂成条片状落脱；大枝常轮状着生，水平开展或微下垂，树冠尖塔形；小枝下垂，当年生枝绿色。叶钻形，直伸，先端通常不内曲，锐尖或尖，长0.4~2厘米，基部背腹宽约2毫米，四面有气孔线。

雄球花长椭圆形或圆柱形，长约7毫米，直径2.5毫米，雄蕊有4~5花药，药隔三角状；雌球花圆球形。球果近球形，稀微扁，径1.5~2.5厘米，稀达3.5厘米；种鳞20~30枚，裂齿较长，窄三角形，长6~7毫米，鳞背有一个三角状分离的苞鳞尖头，先端通常向外反曲，能育种鳞有2~5粒种子；种子棕褐色，椭圆形或不规则多角形，长5~6毫米，径2~3毫米，边缘有窄翅。花期4月，球果10月成熟。

生长习性：喜光耐阴，喜温暖湿润气候，耐寒，畏高温炎热，忌干旱。适生于深厚肥沃、排水良好的砂质壤土，积水时易烂根。对二氧化硫等有毒气体比柳杉具更强的吸收能力。

群落及主要伴生植物：次生针阔混交林，主要伴生植物有沙梨、油桐、榉木、野漆树、三角叶风毛菊、寒莓。

应用价值：日本柳杉在我国江苏、浙江、江西等地，均作庭园观赏树种。木材拥有清香的气味、红棕的颜色及轻而强壮的特性，而且有一定的防水能力及能抵抗腐坏。因此，在日式的建筑及室内设计等均有广泛应用。含有酶，心材淡红色，边材近白色，易施工，可供建筑、桥梁、造船、家具等用材。

文化故事：日本柳杉叶可用来制作"杉玉"，又称为"酒林"。附近有些老人会定期采摘，酿造酒的时候，他们会摘下来在家门前悬挂这种特别的装饰。刚挂上去时"杉玉"枝叶翠绿，随后开始一点点枯萎，最后变成茶褐色，这时就表示新酒已经酿好了。

第四章 杭州 云栖竹径古树名木形貌之美

日本柳杉 编号：018630100042，三级古树，位于云栖双碑亭北侧平地上，树龄130年，树高30.1米，胸径0.6米，平均冠幅5.6米。

日本柳杉 编号：018630100048，三级古树，位于云栖双碑亭北侧平地上，树龄110年，树高27.8米，胸径0.7米，平均冠幅5.25米。

十五、朴树 Celtis sinensis Pers.

科：大麻科　　**属**：朴属

资源分布：云栖竹径内共有朴树古树1株，为三级古树。位于游步道西平地上。

形态特征：落叶乔木，高达20米。树皮平滑，灰色。1年生枝被密毛。叶互生，革质，宽卵形至狭卵形，长3~10厘米，宽1.5~4厘米，先端急尖至渐尖，基部圆形或阔楔形，偏斜，中部以上边缘有浅锯齿，三出脉，上面无毛，下面沿脉及脉腋疏被毛。核果单生或2个并生，近球形，直径4~5毫米，熟时红褐色，果核有穴和突肋。花期4~5月，果期9~11月。

生长习性：多生于海拔100~1500米的路旁、山坡、林缘处。喜光，稍耐阴，耐寒。喜温暖湿润气候，适生于肥沃平坦之地。对土壤要求不严，耐轻度盐碱，有一定耐干旱能力，亦耐水湿及瘠薄土壤，适应力较强，以土层深厚、肥沃的黏质土壤为最佳。朴树对土地要求不是很严格。除低洼积水地以外不能种植，其他土地均可种植。

应用价值：朴树树冠圆满宽广，树荫浓密繁茂，适合公园、庭院、街道、公路等作为荫树，是很好的绿化树种，也可以用来防风固堤。朴树在工业领域的用途非常广泛，其根茎可制成人造棉，果实压榨出润滑油，枝干可作各种家具。另外，茎皮也可以制作人造纤维。其枝叶、树根以及树皮均是很好的药材，它能够消肿止痛、治疗烫伤，也可以用来治疗荨麻疹等。日常感冒时，也可以服用朴树的根茎，感冒症状会得到减轻。

文化故事：在古代，南派传统园林建筑有"前榉后朴"一说，因当上官的人后面都有一个仆人跟随，暗示了朴树在古人心中的地位和特殊意义。时至今日，在大型考试前，仍有考生会前来参拜朴树。

云栖竹径古树名木

朴树 编号：018630100009，三级古树，位于游步道西平地上，树龄280年，树高30米，胸径0.9米，平均冠幅13.5米。

十六、三角槭 *Acer buergerianum* Miq.

科：无患子科　**属**：槭属

资源分布：云栖竹径内共有三角槭古树1株，为三级古树。位于云栖三聚亭东直马路上。

形态特征：落叶乔木，高5～10米，部分可达20米。树皮褐色或深褐色，粗糙。小枝细瘦；当年生枝紫色或紫绿色，近于无毛；多年生枝淡灰色或灰褐色，稀被蜡粉。冬芽小，褐色，长卵圆形，鳞片内侧被长柔毛。叶纸质，椭圆形或倒卵形，基部近圆形或楔形；花多数，常顶生被短柔毛的伞房花序。翅果黄褐色；小坚果特别凸起。花期4月，果期8月。

生长习性：生于海拔300～1000米的阔叶林中。弱阳性树种，稍耐阴。喜温暖、湿润环境及中性至酸性土壤。耐寒，较耐水湿，萌芽力强，耐修剪。树系发达，根蘖性强。

应用价值：三角枫枝叶浓密，夏季浓荫覆地，入秋叶色变成暗红，秀色可餐。宜孤植、丛植作庭荫树，也可作行道树及护岸树。江南一带有栽作绿篱者，年久后枝条劈刺连接密合，也别具风味。根用于风湿关节痛。根皮、茎皮可清热解毒、消暑。

三角槭 **编号：**018630100152，三级古树，位于云栖三聚亭东直马路上，树龄220年，树高20米，胸径0.7米，平均冠幅14.4米。

十七、浙江柿 *Diospyros glaucifolia* Metc.

◁科：柿科　◁属：柿属

资源分布： 云栖竹径内共有浙江柿古树1株，为三级古树。位于莲池大师墓西上坡。

形态特征： 落叶乔木，高达20.7米，胸径55厘米，平均冠幅9.6米；树皮灰黑色或灰褐色；枝深褐色或黑褐色，散生纵裂的唇形小皮孔；冬芽卵形，长4~5毫米，除两片最外面的鳞片外，其余均密被黄褐色绢毛。叶革质，宽椭圆形、卵形或卵状披针形，长7.5~17.5厘米，宽3.5~7.5厘米，先端急尖，基部圆形、截形、浅心形或钝，上面深绿色，无毛，下面粉绿色，无毛或疏生贴伏柔毛，中脉上面凹下，下面明显凸起，侧脉每边7~9条，上面不甚明显，下面稍凸起，小脉结成不规则的网状，上面微凹，下面常不明显；叶柄长1.5~2.5厘米，无毛，上面有槽。花雌雄异株；雄花集成聚伞花序，通常有3朵，有短硬毛；雌花单生或2~3朵丛生，腋生，长约7毫米；花萼4浅裂，裂片三角形，长约1.5毫米，疏生柔毛，先端急尖，花冠带黄色，壶形，4裂。果球形或扁球形，直径1.5~2厘米，嫩时绿色，后变黄色至橙黄色，熟时红色，被白霜。种子近长圆形，长约1.2厘米，宽约8毫米，侧扁，淡褐色，略有光泽。宿存萼花后增大，裂片长5~8毫米，两侧略背卷；果柄极短，长2~3毫米，有短硬毛。花期4~5月，果期9~10月。

生长习性： 产于浙江、江苏、安徽、福建、江西等地；生于山坡、山谷混交疏林中或密林中，或在山谷涧畔。

应用价值： 本种可用作栽培柿树的砧木。未熟果可提取柿漆，用途和柿树相同。果蒂亦可入药。木材可作家具等用材。

文化故事： 浙江柿有"事事如意"的内涵。在我国有上千年的栽培历史，早在宋朝时就被列为贡品。云栖一带的山地丘陵风貌及独特的风土为浙江柿的生长提供了条件。

云栖竹径古树名木

浙江柿　编号：018630100065，三级古树，位于莲池大师墓西上坡，树龄280年，树高20.7米，胸径0.54米，平均冠幅9.6米。

参考文献

陈秋菊, 郭盛才, 陈盼. 广东省古树名木资源现状及分布研究[J]. 林业调查规划, 2019, 44(5): 172–180.

邓洪涛, 薛冬冬, 杨艳婷. 快速城市化地区古树保护现状与对策[J]. 林业调查规划, 2018, 43(3): 183–187.

高小辉. 杭州城区古树名木[M]. 北京: 中国林业出版社, 2023

韩一飞. 西湖老明信片(西湖全书)[M]. 杭州: 杭州出版社, 2006.

杭州市园林文物局. 西湖风景园林(1949—1989)[M]. 上海: 上海科学技术出版社, 1990.

《杭州植物志》编纂委员会. 杭州植物志[M]. 杭州: 浙江大学出版社, 2017.

蓝悦, 于炜, 杜红玉, 等. 杭州西湖风景名胜区古树景观美学评价[J]. 浙江农业学报, 2015, 27(7): 1192–1197.

李记, 徐爱俊. 古树名木旅游最优路线设计与实现[J]. 浙江农林大学学报, 2018, 35(1): 153–160.

李迎. 古香樟营养诊断与复壮技术研究[D]. 福州: 福建农林大学, 2008.

刘际建, 章明靖, 柯和佳, 等. 滨海—玉苍山古树名木资源及其开发利用与保护[J]. 防护林科技, 2002, 3: 50, 76.

刘青海, 许正强, 姚拓, 等. 公园古树害虫调查及防治建议——以兰州市五泉山公园为例[J]. 草业科学, 2011, 28(4): 661–666.

刘晓燕. 广州古树名木白蚁的发生与防治[J]. 昆虫天敌, 1997, 19(4): 169–172.

刘秀琴. 兰州市古树名木调查及保护研究[D]. 兰州: 兰州大学, 2009.

卢威陶, 王福才, 张云生. 我国古树名木保护管理和开发利用探讨以浙江省台州主城区古树名木为例[J]. 世界生态学, 2020, 9(1): 9.

陆安忠. 上海地区古树名木和古树后续资源现状及保护技术研究[D]. 杭州: 浙江大学, 2008.

马时雍. 杭州的山[M]. 杭州: 杭州出版社, 2003.

莫栋材, 梁丽华. 广州古树名木养护复壮技术研究[J]. 广东园林, 1995, 4: 19–25.

欧应田, 钟孟坚, 黎华寿. 运用生态学原理指导城市古树名木保护——以东莞千年古秋枫保护为例[J]. 中国园林, 2008(1): 71–74.

任茂文. 重庆市万州区古树名木特征及保护管理现状[J]. 现代农业科技, 2012, 19: 160, 170.

施奠东. 西湖志[M]. 上海: 上海古籍出版社, 1995.

王国平. 西湖文献集成[M]. 杭州: 杭州出版社, 2004.

王明生, 杨胜利. 浙江省仙居县古树名木资源调查与保护[J]. 林业勘察设计, 2008, 2: 230–232.

王徐政. 南京市古树名木资源调查和复壮技术研究[D]. 南京：南京林业大学，2007.

魏胜林，茅晓伟，肖湘东. 拙政园古树名木监测预警标准与保护措施研究[J]. 安徽农业科学，2010, 38(16): 8: 8569–8572.

向其柏，季春峰. 浙江楠后选模式标本的重新指定[J]. 南京林业大学学报：自然科学版，2013, 37(4): 163–164.

徐德嘉. 古树名木衰败原因调查分析（古村名木复壮研究系列报告之二）[J]. 苏州城建环保学院学报，1995, 8(4): 1–5.

徐志平，叶广荣，何世庆，等. 广州市古树群保护现状调查[J]. 广东园林，2012, 34(1): 55–57.

许承祖. 雪庄西湖渔唱[M]. 上海：上海古籍出版社，1985.

鄢然. 长沙市古树名木资源分析与研究保护[D]. 长沙：中南林业科技大学，2007.

叶永昌，刘颂颂，黄炜棠，等. 古树名木信息查询网站构建——以东莞市建成区为例[J]. 广东林业科技，2008, 24(1): 67–70.

翟灏，翟瀚. 湖山便览[M]. 上海：上海古籍出版社，1998.

詹运洲，周凌. 生态文明背景下城市古树名木保护规划方法及实施机制的思考——以上海的实践为例[J]. 城市规划季刊，2016, 1: 106–115.

张国华. 古树衰老状况及生理生化特性研究[D]. 北京：首都师范大学，2009.

张客，刘晶岚，张振明，等. 不同区域古树土壤化学特性分析[J]. 中国农学通报，2012, 28(31): 57–0.

张庆峰. 古树名木保护中存在的问题与对策[J]. 河北农业科学，2010, 14(5): 26–28.

张艳洁，丛日晨，赵琦，等. 适用于表征古树衰老的生理指标[J]. 林业科学，2010, 46(3): 134–138.

章银柯，余金良，马骏驰，等. 杭州西湖古树名木[M]. 北京：中国林业出版社，2020.

赵景奎，赵大肚，生利霞. 扬州城区古树及后备古树资源调查与评价[J]. 南方林业科学，2017, 45(2): 65–69.

中国科学院《中国植物志》编辑委员会. 中国植物志[M]. 北京：科学出版社，1993.

中华人民共和国住房和城乡建设部. 城市古树名木养护和复壮工程技术规范[S]. GB/T 51168-2016. 北京：中国建筑工业出版社，2016.

周海华，王双龙. 我国古树名木资源法律保护探析[J]. 生态经济，2007(3): 153–155.

附录一 杭州云栖竹径古树名木一览表

古树编号	树名	科名	属名	学名	树龄	类别	保护等级	位置	树高（米）	胸径（米）	胸围（米）	平均冠幅（米）
01861010000012	枫香树	金缕梅科	枫香树属	Liquidambar formosana	1030	古树	一级	云栖洗心亭南平台上	34.000	1.306	4.100	28.200
01861010000039	枫香树	金缕梅科	枫香树属	Liquidambar formosana	1030	古树	一级	云栖双碑亭旁	18.500	0.908	2.850	14.350
01861010000040	枫香树	金缕梅科	枫香树属	Liquidambar formosana	1030	古树	一级	云栖双碑亭旁	7.500	1.013	3.180	1.000
01861010000041	枫香树	金缕梅科	枫香树属	Liquidambar formosana	1030	古树	一级	云栖双碑亭旁	44.200	1.576	4.950	24.800
01861010000111	枫香树	金缕梅科	枫香树属	Liquidambar formosana	610	古树	一级	云栖奥后山坡	24.000	1.131	3.550	22.200
01861010000067	苦槠	壳斗科	锥属	Castanopsis sclerophylla	610	古树	一级	云栖莲慈大师墓西北山坡	20.000	1.099	3.450	13.800
01861010000124	苦槠	壳斗科	锥属	Castanopsis sclerophylla	610	古树	一级	云栖生产班东南面山林中	22.300	0.430	1.350	14.000
01861010000031	枫香树	金缕梅科	枫香树属	Liquidambar formosana	530	古树	一级	云栖回龙亭丙侧坡上	36.800	1.255	3.940	19.600
01861010000073	苦槠	壳斗科	锥属	Castanopsis sclerophylla	510	古树	一级	云栖遇雨亭东上坡	22.000	1.115	3.500	15.500
01860010000174	樟	樟科	樟属	Camphora officinarum	35	名木	一级	云栖碑亭	12.400	0.303	0.950	9.250
01860010000175	樟	樟科	樟属	Camphora officinarum	35	名木	一级	云栖碑亭	14.300	0.255	0.800	5.950
01862010000018	枫香树	金缕梅科	枫香树属	Liquidambar formosana	430	古树	二级	云栖水泵房南平地	40.800	1.083	3.400	24.000
01862010000125	枫香树	金缕梅科	枫香树属	Liquidambar formosana	430	古树	二级	云栖生产班东南面山林中	33.000	1.019	3.200	25.500
01862010000033	苦槠	壳斗科	锥属	Castanopsis sclerophylla	430	古树	二级	云栖回龙亭旁	17.800	1.146	3.600	11.400
01862010000176	苦槠	壳斗科	锥属	Castanopsis sclerophylla	430	古树	二级	云栖遇雨亭西侧林地中	17.500	1.083	3.400	7.750

（续）

古树编号	树名	科名	属名	学名	树龄	类别	保护等级	位置	树高（米）	胸径（米）	胸围（米）	平均冠幅（米）
01862010000057	槐	豆科	槐属	Sophora japonica	420	古树	二级	云栖遇雨亭边下坡	25.000	0.892	2.800	17.000
01862010000054	枫香树	金缕梅科	枫香树属	Liquidambar formosana	410	古树	二级	云栖双碑亭北侧的溪沟石坎	25.800	0.908	2.850	24.000
01862010000055	枫香树	金缕梅科	枫香树属	Liquidambar formosana	410	古树	二级	云栖双碑亭西	37.200	1.003	3.150	27.000
01862010000126	枫香树	金缕梅科	枫香树属	Liquidambar formosana	410	古树	二级	云栖生产班东南面山林中	35.000	1.092	3.430	14.500
01862010000030	枫香树	金缕梅科	枫香树属	Liquidambar formosana	380	古树	二级	云栖碑亭西侧	32.300	1.083	3.400	27.000
01862010000114	苦槠	壳斗科	锥属	Castanopsis sclerophylla	360	古树	二级	云栖双碑后山坡	14.100	1.242	3.900	13.850
01862010000115	苦槠	壳斗科	锥属	Castanopsis sclerophylla	360	古树	二级	云栖双碑后山坡	12.300	0.955	3.000	9.200
01862010000032	枫香树	金缕梅科	枫香树属	Liquidambar formosana	330	古树	二级	云栖回龙亭西侧平地上	32.600	0.911	2.860	25.000
01862010000037	苦槠	壳斗科	锥属	Castanopsis sclerophylla	330	古树	二级	云栖双碑亭西	25.600	0.939	2.950	17.150
01862010000038	苦槠	壳斗科	锥属	Castanopsis sclerophylla	330	古树	二级	云栖双碑亭西	30.200	0.987	3.100	16.850
01862010000110	苦槠	壳斗科	锥属	Castanopsis sclerophylla	330	古树	二级	云栖双碑后山坡	8.400	1.048	3.29	8.000
01862010000140	樟	樟科	樟属	Camphora officinarum	330	古树	二级	云栖停车场东边石砌围护中	24.200	0.713	2.240	23.750
01862010000060	枫香树	金缕梅科	枫香树属	Liquidambar formosana	310	古树	二级	云栖兜云亭西侧山坡	32.800	1.003	3.150	19.700
01862010000108	枫香树	金缕梅科	枫香树属	Liquidambar formosana	310	古树	二级	云栖双碑后山坡	25.700	0.987	3.100	15.600
01862010000123	枫香树	金缕梅科	枫香树属	Liquidambar formosana	310	古树	二级	云栖生产班东南面山林中	37.000	1.433	4.500	16.100

附录一 云栖竹径古树名木一览表

(续)

古树编号	树名	科名	属名	学名	树龄	类别	保护等级	位置	树高（米）	胸径（米）	胸围（米）	平均冠幅（米）
01863010 0019	枫香树	金缕梅科	枫香树属	Liquidambar formosana	280	古树	三级	云栖水泵房北	36.000	0.844	2.650	25.000
01863010 0009	朴树	榆科	朴属	Celtis sinensis	280	古树	三级	云栖游步道西平地上	30.000	0.866	2.720	13.500
01863010 0065	浙江柿	柿树科	柿属	Diospyros glaucifolia	280	古树	三级	云栖莲池大师塞西上坡	20.700	0.541	1.700	9.600
01863010 0119	枫香树	金缕梅科	枫香树属	Liquidambar formosana	260	古树	三级	云栖兜云亭东山坡	30.700	0.876	2.750	17.400
01863010 0143	枫香树	金缕梅科	枫香树属	Liquidambar formosana	260	古树	三级	云栖兜云亭东山坡	32.700	0.936	2.940	21.950
01863010 0112	槐树	豆科	槐属	Sophora japonica	260	古树	三级	云栖奥后山坡	16.600	0.844	2.650	14.100
01863010 0063	樟树	樟科	樟属	Camphora officinarum	260	古树	三级	云栖兜云亭北山坡	33.100	1.115	3.500	18.400
01863010 0109	樟树	樟科	樟属	Camphora officinarum	260	古树	三级	云栖奥后山坡	17.000	1.146	3.600	18.000
01863010 0066	豹皮樟	樟科	木姜子属	Litsea coreana var. sinensis	230	古树	三级	云栖遇雨亭东南上坡	15.500	0.400	1.300	8.300
01863010 0035	枫香树	金缕梅科	枫香树属	Liquidambar formosana	230	古树	三级	云栖回龙亭北	32.900	0.924	2.900	29.950
01863010 0010	槐	豆科	槐属	Sophora japonica	230	古树	三级	云栖游步道西边竹林	23.700	0.675	2.120	23.900
01863010 0002	苦槠	壳斗科	锥属	Castanopsis sclerophylla	230	古树	三级	云栖牌坊100米游步道西	25.500	0.987	3.100	19.850
01863010 0045	七叶树	无患子科	七叶树属	Aesculus chinensis	230	古树	三级	云栖双碑亭北侧平地上	36.800	0.924	2.900	19.000
01863010 0152	三角槭	槭树科	槭属	Acer buergerianum	220	古树	三级	云栖三聚亭东直马路上	20.000	0.742	2.330	14.400

(续)

古树编号	树名	科名	属名	学名	树龄	类别	保护等级	位置	树高（米）	胸径（米）	胸围（米）	平均冠幅（米）
01863010000071	豹皮樟	樟科	木姜子属	Litsea coreana var. sinensis	210	古树	三级	云栖遇雨亭东山坡	6.000	0.500	1.700	5.650
01863010000107	槐	豆科	槐属	Sophora japonica	210	古树	三级	云栖奥后山坡	24.100	0.669	2.100	15.600
01863010000064	青冈栎	壳斗科	栎属	Quercus glauca	210	古树	三级	云栖莲慈大师墓基上	21.100	0.392	1.230	11.650
01863010000160	枫香树	金缕梅科	枫香树属	Liquidambar formosana	200	古树	三级	云栖售票亭东北侧林中	28.000	0.987	3.100	18.500
01863010000163	枫香树	金缕梅科	枫香树属	Liquidambar formosana	200	古树	三级	云栖木栈道西	30.000	0.994	3.120	21.000
01863010000001	糙叶树	榆科	糙叶树属	Aphananthe aspera	180	古树	三级	云栖停车场东侧牌坊后小桥边	17.900	1.000	1.600	10.850
01863010000013	枫香树	金缕梅科	枫香树属	Liquidambar formosana	180	古树	三级	云栖木栈道南侧溪边	26.400	0.876	2.750	21.150
01863010000014	枫香树	金缕梅科	枫香树属	Liquidambar formosana	180	古树	三级	云栖木栈道南侧溪边	33.000	0.860	2.700	28.400
01863010000015	枫香树	金缕梅科	枫香树属	Liquidambar formosana	180	古树	三级	云栖木栈道南侧溪边	28.600	0.828	2.600	23.000
01863010000016	枫香树	金缕梅科	枫香树属	Liquidambar formosana	180	古树	三级	云栖游步道边溪边竹林	36.000	0.924	2.900	20.900
01863010000017	枫香树	金缕梅科	枫香树属	Liquidambar formosana	180	古树	三级	云栖游步道边溪边竹林	37.300	0.860	2.700	24.250
01863010000023	枫香树	金缕梅科	枫香树属	Liquidambar formosana	180	古树	三级	云栖洗心亭东竹林中	36.100	0.924	2.900	22.000
01863010000028	枫香树	金缕梅科	枫香树属	Liquidambar formosana	180	古树	三级	云栖洗心亭东竹林中	35.800	0.924	2.900	17.000

附录一 云栖竹径古树名木一览表

(续)

古树编号	树名	科名	属名	学名	树龄	类别	保护等级	位置	树高(米)	胸径(米)	胸围(米)	平均冠幅(米)
01863010000053	枫香树	金缕梅科	枫香树属	Liquidambar formosana	180	古树	三级	云栖双碑亭北的溪沟石坎	28.300	0.796	2.500	14.850
01863010000056	枫香树	金缕梅科	枫香树属	Liquidambar formosana	180	古树	三级	云栖双碑亭北侧石板路东坡	38.700	0.904	2.840	17.500
01863010000029	红果榆	榆科	榆属	Ulmus szechuanica	180	古树	三级	云栖游步道西坎上	24.100	0.908	2.850	17.650
01863010000036	红果榆	榆科	榆属	Ulmus szechuanica	180	古树	三级	云栖回龙亭北	33.200	0.764	2.400	24.050
01863010000043	红果榆	榆科	榆属	Ulmus szechuanica	180	古树	三级	云栖双碑亭北侧平地石坎旁	33.200	0.717	2.250	14.550
01863010000022	槐	豆科	槐属	Sophora japonica	180	古树	三级	云栖双碑亭北的溪沟西山脚	15.700	0.541	1.700	14.000
01863010000003	银杏	银杏科	银杏属	Ginkgo biloba	180	古树	三级	云栖售票亭外50米游步道边	22.700	0.783	2.460	21.000
01863010000116	樟	樟科	樟属	Camphora officinarum	180	古树	三级	云栖停车场南平台	35.300	0.860	2.700	22.950
01863010000122	樟	樟科	樟属	Camphora officinarum	180	古树	三级	云栖生产班旁军区茶厂内平地	22.700	0.981	3.080	20.300
01863010000076	浙江楠	樟科	楠木属	Phoebe chekiangensis	180	古树	三级	云栖停车场南平台	23.800	0.646	2.030	7.900
01863010000077	浙江楠	樟科	楠木属	Phoebe chekiangensis	180	古树	三级	云栖停车场南平台	22.500	0.637	2.000	9.600
01863010000020	枫香树	金缕梅科	枫香树属	Liquidambar formosana	160	古树	三级	云栖双碑亭北的溪沟西山坡	35.500	0.768	2.410	21.750
01863010000024	枫香树	金缕梅科	枫香树属	Liquidambar formosana	160	古树	三级	云栖洗心亭东竹林中	36.500	0.892	2.800	23.500
01863010000027	枫香树	金缕梅科	枫香树属	Liquidambar formosana	160	古树	三级	云栖洗心亭东竹林中	34.300	0.844	2.650	19.500

(续)

古树编号	树名	科名	属名	学名	树龄	类别	保护等级	位置	树高（米）	胸径（米）	胸围（米）	平均冠幅（米）
01863010000050	枫香树	金缕梅科	枫香树属	Liquidambar formosana	160	古树	三级	云栖至五云山防火牌楼前竹林边	34.800	0.783	2.460	23.500
01863010000061	枫香树	金缕梅科	枫香树属	Liquidambar formosana	160	古树	三级	云栖至五云山防火牌楼前竹林中	29.000	0.748	2.350	22.700
01863010000068	枫香树	金缕梅科	枫香树属	Liquidambar formosana	160	古树	三级	云栖莲慈大师墓西北山坡	24.000	0.732	2.300	18.550
01863010000154	枫香树	金缕梅科	枫香树属	Liquidambar formosana	160	古树	三级	云栖奥后山坡	32.000	0.717	2.250	9.500
01863010000046	红果榆	榆科	榆属	Ulmus szechuanica	160	古树	三级	云栖双碑亭北侧平地上	18.400	0.621	1.950	13.550
01863010000011	槐标	豆科	槐属	Sophora japonica	160	古树	三级	云栖洗心亭东南平坡	15.300	0.669	2.100	10.500
01863010000069	苦槠	壳斗科	锥属	Castanopsis sclerophylla	160	古树	三级	云栖接待室东山坡	25.000	0.860	2.700	14.000
01863010000074	苦槠	壳斗科	锥属	Castanopsis sclerophylla	160	古树	三级	云栖遇雨亭东上坡	27.000	0.828	2.600	17.250
01863010000072	木荷	山茶科	木荷属	Schima superba	160	古树	三级	云栖遇雨亭东上坡	20.000	0.532	1.670	9.500
01863010000059	木樨	木樨科	木樨属	Osmanthus fragrans	160	古树	三级	云栖奥民国楼旁	13.000	0.503	1.580	10.850
01863010000118	木樨	木樨科	木樨属	Osmanthus fragrans	160	古树	三级	云栖莲池大师墓前平地	18.700	0.398	1.250	9.850
01861010000075	七叶树	无患子科	七叶树属	Aesculus chinensis	160	古树	三级	云栖停车场西侧山坡	25.800	0.904	2.84	18.350
01863010000062	青冈栎	壳斗科	栎属	Quercus glauca	160	古树	三级	云栖兜云亭北山脚	25.300	0.732	2.300	15.800
01863010000079	樟树	樟科	樟属	Camphora officinarum	160	古树	三级	云栖停车场西侧山坡	32.900	0.955	3.000	22.500

附录一 云栖竹径古树名木一览表

(续)

古树编号	树名	科名	属名	学名	树龄	类别	保护等级	位置	树高（米）	胸径（米）	胸围（米）	平均冠幅（米）
01863010 0113	樟树	樟科	樟属	Camphora officinarum	160	古树	三级	云栖奥后山坡	22.300	0.599	1.880	15.200
01863010 0058	浙江楠	樟科	楠木属	Phoebe chekiangensis	160	古树	三级	云栖遇雨亭南侧平地上	18.000	0.592	1.860	9.550
01863010 0034	樟树	樟科	樟属	Camphora officinarum	150	古树	三级	云栖回龙亭南路边坎上	28.000	0.936	2.940	23.700
01863010 0117	红果榆	榆科	榆属	Ulmus szechuanica	130	古树	三级	云栖遇雨亭东侧林地	27.100	0.662	2.080	12.550
01863010 0121	木荷	山茶科	木荷属	Schima superba	130	古树	三级	云栖回龙亭东山坡	22.200	0.828	2.600	15.050
01863010 0042	日本柳杉	杉科	柳杉属	Cryptomeria japonica	130	古树	三级	云栖双碑亭北侧平地上	30.100	0.653	2.050	5.600
01863010 0142	樟树	樟科	樟属	Camphora officinarum	130	古树	三级	云栖双碑亭北侧平地上	19.600	0.812	2.550	13.850
01863010 0044	浙江楠	樟科	楠木属	Phoebe chekiangensis	130	古树	三级	云栖双碑亭北侧平地上	16.500	0.494	1.550	5.000
01863010 0052	浙江楠	樟科	楠木属	Phoebe chekiangensis	130	古树	三级	云栖双碑亭北	23.700	0.510	1.600	11.100
01863010 0120	红果榆	榆科	榆属	Ulmus szechuanica	125	古树	三级	云栖双碑亭西北	14.700	0.541	1.700	14.500
01863010 0153	银杏	银杏科	银杏属	Ginkgo biloba	125	古树	三级	云栖停车场南平台上	21.000	0.494	1.550	11.200
01863010 0048	日本柳杉	杉科	柳杉属	Cryptomeria japonica	110	古树	三级	云栖双碑亭北侧平地上	27.800	0.669	2.100	5.250
01863010 0004	浙江楠	樟科	楠木属	Phoebe chekiangensis	110	古树	三级	云栖售票亭外平台上一排	9.800	0.631	1.980	12.500

(续)

古树编号	树名	科名	属名	学名	树龄	类别	保护等级	位置	树高（米）	胸径（米）	胸围（米）	平均冠幅（米）
01863010 0005	浙江楠	樟科	楠木属	Phoebe chekiangensis	110	古树	三级	云栖售票亭外平台一排	15.800	0.573	1.800	14.000
01863010 0006	浙江楠	樟科	楠木属	Phoebe chekiangensis	110	古树	三级	云栖售票亭外平台上一排	10.000	0.503	1.580	10.000
01863010 0007	浙江楠	樟科	楠木属	Phoebe chekiangensis	110	古树	三级	云栖售票亭外平台上一排	11.400	0.478	1.500	9.650
01863010 0008	浙江楠	樟科	楠木属	Phoebe chekiangensis	110	古树	三级	云栖售票亭外平台上一排	16.000	0.627	1.970	17.500
01863010 0021	浙江楠	樟科	楠木属	Phoebe chekiangensis	110	古树	三级	云栖双碑亭北的溪沟西山坡	29.000	0.494	1.550	11.650
01863010 0049	浙江楠	樟科	楠木属	Phoebe chekiangensis	110	古树	三级	云栖双碑亭北侧路西平地上	23.800	0.573	1.800	9.600
01863010 0051	浙江楠	樟科	楠木属	Phoebe chekiangensis	110	古树	三级	云栖双碑亭北侧路西平地上	14.600	0.446	1.400	10.700
01863010 0168	糙叶树	榆科	糙叶树属	Aphananthe aspera	100	古树	三级	云栖铁索桥西端南边	21.000	0.525	1.650	12.500
01863010 0155	枫香树	金缕梅科	枫香树属	Liquidambar formosana	100	古树	三级	云栖游步道军区茶厂入口西侧	25.000	0.764	2.400	17.000
01863010 0156	枫香树	金缕梅科	枫香树属	Liquidambar formosana	100	古树	三级	云栖游步道军区茶厂入口东侧	24.000	0.806	2.530	15.500
01863010 0158	枫香树	金缕梅科	枫香树属	Liquidambar formosana	100	古树	三级	云栖售票亭北侧林溪沟边	24.000	0.828	2.600	20.000
01863010 0159	枫香树	金缕梅科	枫香树属	Liquidambar formosana	100	古树	三级	云栖售票亭东北侧林中	20.000	0.796	2.500	13.000

附录一 云栖竹径古树名木一览表

(续)

古树编号	树名	科名	属名	学名	树龄	类别	保护等级	位置	树高（米）	胸径（米）	胸围（米）	平均冠幅（米）
01863010 0164	枫香树	金缕梅科	枫香树属	Liquidambar formosana	100	古树	三级	云栖木栈道观景台北	28.000	0.885	2.780	21.500
01863010 0165	枫香树	金缕梅科	枫香树属	Liquidambar formosana	100	古树	三级	云栖碑亭北侧竹林游步道边	30.000	0.847	2.660	20.500
01863010 0166	枫香树	金缕梅科	枫香树属	Liquidambar formosana	100	古树	三级	云栖碑亭北侧竹林游步道边	24.000	0.726	2.280	16.500
01863010 0167	枫香树	金缕梅科	枫香树属	Liquidambar formosana	100	古树	三级	云栖铁索桥西南侧石桥边	27.000	0.828	2.600	20.000
01863010 0169	枫香树	金缕梅科	枫香树属	Liquidambar formosana	100	古树	三级	云栖铁索桥东端北侧5米	30.000	0.850	2.670	20.000
01863010 0170	枫香树	金缕梅科	枫香树属	Liquidambar formosana	100	古树	三级	云栖铁索桥东端北侧0.6米	20.000	0.717	2.250	17.000
01863010 0171	枫香树	金缕梅科	枫香树属	Liquidambar formosana	100	古树	三级	云栖铁索桥东端南侧8米	20.000	0.717	2.250	17.000
01863010 0157	苦槠	壳斗科	锥属	Castanopsis sclerophylla	100	古树	三级	云栖售票亭旁	15.000	0.513	1.610	8.250
01863010 0162	苦槠	壳斗科	锥属	Castanopsis sclerophylla	100	古树	三级	云栖洗心亭东	15.000	0.510	1.600	8.500
01863010 0161	浙江楠	樟科	楠木属	Phoebe chekiangensis	100	古树	三级	云栖洗心亭南	20.000	0.640	2.010	14.500

附录二　相关政策、法规

杭州市城市古树名木保护管理办法

（2023年12月6日杭州市人民政府令第346号公布　自2024年2月1日起施行）

第一条　为了保护古树名木和古树后续资源，促进生态文明建设，根据《城市绿化条例》《杭州市城市绿化管理条例》等法律、法规的规定，结合本市实际，制定本办法。

第二条　本市行政区域城市绿化范围内古树名木和古树后续资源的保护管理活动，适用本办法。

有关法律、法规规定由林业等行政主管部门依照职责开展的非城市绿化范围内的古树名木和古树后续资源保护管理工作，依照有关法律、法规执行。

第三条　本办法所称的古树是指经依法认定的树龄一百年以上的树木；名木是指经依法认定的稀有、珍贵树木和具有历史价值、重要纪念意义的树木；古树后续资源是指经依法认定的树龄在八十年以上且不满一百年的树木。

第四条　古树名木和古树后续资源保护应当坚持属地管理、政府主导、严格保护、合理利用的原则。

第五条　市人民政府统筹推进全市古树名木和古树后续资源保护管理工作，协调解决保护管理过程中的重大问题，并将古树名木和古树后续资源保护纳入国土空间规划。

区、县（市）人民政府具体推进本行政区域内古树名木和古树后续资源保护管理工作，确定古树名木行政主管部门，并组织相关部门做好保护管理工作。

市和区、县（市）人民政府应当将古树名木和古树后续资源保护所需资金列入本级财政预算。

乡（镇）人民政府、街道办事处协助做好本行政区域内古树名木和古树后续资源保护管理工作。

第六条　市城市绿化行政主管部门和区、县（市）人民政府确定的部门（以下统称古树名木行政主管部门）依照职责分工，负责本行政区域内古树名木和古树后续资源保护管理工作，并组织编制古树名木和古树后续资源保护专项规划。

发展和改革、财政、规划和自然资源、城乡建设、农业农村、民族宗教、城市管理等部门在各自职责范围内做好古树名木和古树后续资源的保护管理工作。

第七条 市古树名木行政主管部门应当每十年组织区、县（市）古树名木行政主管部门对古树名木和古树后续资源进行一次普查，建立古树名木和古树后续资源目录并及时向社会公布。

市和区、县（市）古树名木行政主管部门按照省有关规定依照职责组织开展古树名木的鉴定和认定，并将古树名木目录报省古树名木行政主管部门备案。

区、县（市）古树名木行政主管部门组织开展古树后续资源的鉴定和认定，并将古树后续资源目录报市古树名木行政主管部门备案。

第八条 鼓励单位和个人向古树名木行政主管部门报告未经公布的古树名木信息。

古树名木行政主管部门接到报告后应当组织调查，经依法鉴定属于古树名木的，应当依照规定对报告人给予表彰。

第九条 市古树名木行政主管部门应当建立本市古树名木和古树后续资源图文档案及电子信息数据库，对古树名木和古树后续资源的位置、特征、树龄、生长环境、生长情况、保护现状等信息进行动态管理，推动古树名木和古树后续资源保护利用的数字化管理。

第十条 区、县（市）古树名木行政主管部门应当对已公布的古树名木和古树后续资源设立保护标志，设置必要的保护设施。

古树名木保护标志按照省古树名木行政主管部门确定的样式制定；古树后续资源保护标志按照市古树名木行政主管部门确定的样式制定。

禁止损毁、擅自移动古树名木和古树后续资源的保护标志和保护设施。

第十一条 任何单位、个人都有保护古树名木和古树后续资源的义务，有权制止和举报损害古树名木和古树后续资源的行为。

第十二条 鼓励社会力量通过捐资、认养或者志愿服务等多种方式，依法参与古树名木和古树后续资源的保护工作。

捐资、认养古树名木和古树后续资源的单位和个人可以按照捐资或者认养约定享有一定期限的署名权。捐资、认养、志愿服务等行为视为义务植树的尽责形式。

第十三条 鼓励利用古树名木和古树后续资源的优良基因，开展物候学、生物学、遗传育种等科学研究，合理利用古树名木和古树后续资源的花、叶和果实等资源。

鼓励结合历史文化街区、历史建筑等保护，充分挖掘古树名木和古树后续资源的历史、文化、生态、科研价值，通过建设科普和生态文明教育基地等形式，对古树名木和

古树后续资源进行适度开发利用。

利用古树名木和古树后续资源应当采取科学有效的保护措施，不得影响古树名木和古树后续资源正常生长，并接受古树名木行政主管部门的监督检查。

第十四条 区、县（市）古树名木行政主管部门按照下列规定，确定古树名木和古树后续资源的养护责任人：

（一）生长在自然保护区、风景名胜区、旅游度假区等用地范围内的古树名木和古树后续资源，该区域的管理单位为养护责任人；

（二）生长在文物保护单位、寺庙、机关、部队、企事业单位等用地范围内的古树名木和古树后续资源，该单位为养护责任人；

（三）生长在园林绿化管理部门管理的公共绿地、公园、城市道路用地范围内的古树名木和古树后续资源，园林绿化专业养护单位为养护责任人；

（四）生长在铁路、公路、江河堤坝和水库湖渠等用地范围内的古树名木和古树后续资源，铁路、公路和水利设施等的管理单位为养护责任人；

（五）生长在已征收未出让土地上的古树名木和古树后续资源，做地主体为养护责任人；土地出让后，土地使用权人为养护责任人；

（六）其他生长在城市住宅小区、居民私人庭院范围内的古树名木和古树后续资源，其所有人或者受所有人委托管理的单位为养护责任人。

养护责任人不明确或者有异议的，由古树名木和古树后续资源所在地区、县（市）古树名木行政主管部门协调确定。

第十五条 区、县（市）古树名木行政主管部门应当建立古树名木养护激励机制，与古树名木养护责任人签订养护协议，明确养护责任、养护要求、奖惩措施等事项，并根据保护级别、养护状况和费用支出等情况给予养护责任人适当费用补助。

古树名木养护责任人发生变更的，应当及时与古树名木行政主管部门办理养护责任转移手续，重新签订养护协议。

第十六条 市古树名木行政主管部门负责制定古树名木日常养护技术导则，并向社会公布。

古树名木行政主管部门应当无偿向养护责任人提供必要的养护知识宣传培训和养护技术指导。

养护责任人应当按照日常养护技术导则对古树名木和古树后续资源进行日常养护。在日常养护管理中，养护责任人可以向古树名木行政主管部门寻求养护技术指导。

第十七条 区、县（市）古树名木行政主管部门应当定期组织专业技术人员对古树名木和古树后续资源进行专业养护。

养护责任人发现古树名木和古树后续资源遭受损害或者长势明显衰退时，应当及时报告区、县（市）古树名木行政主管部门。

第十八条 区、县（市）古树名木行政主管部门应当按照下列规定，定期对古树名木和古树后续资源的生长和养护情况进行检查：

（一）对名木、树龄五百年以上的古树，每一个月至少检查一次；

（二）对树龄不满五百年的古树，每三个月至少检查一次；

（三）对古树后续资源，每六个月至少检查一次。

第十九条 区、县（市）古树名木行政主管部门接到古树名木和古树后续资源遭受损害或者长势明显衰退的报告，或者发现古树名木和古树后续资源生长异常、环境状况影响生长的，应当及时组织采取抢救、复壮等处理措施，必要时组织专业技术人员开展抢救性保护工作。

第二十条 古树名木行政主管部门应当组织制定应急预案，预防重大灾害对古树名木和古树后续资源造成损害，综合运用现代科学技术与工艺，对古树名木和古树后续资源设置监控、病虫害监测、支撑、围栏、防雷、防护、引排水等应急管理设施并定期维护，提高古树名木和古树后续资源的防灾减灾能力。

遇台风、暴雨、大雪等灾害性天气时，养护责任人应当及时对古树名木和古树后续资源采取安全防范措施。

第二十一条 鼓励建立古树名木和古树后续资源保险制度。单位和个人可以根据古树名木和古树后续资源保护管理实际需要购买保险。

第二十二条 古树名木疑似死亡的，养护责任人应当及时向所在地的区、县（市）古树名木行政主管部门报告。古树名木行政主管部门应当自接到报告之日起十个工作日内组织技术人员进行核实、鉴定并查明原因；确认死亡的，按规定注销档案。

已死亡的古树名木具有重要景观、文化、科研价值的，养护责任人应当配合古树名木行政主管部门采取相应措施予以保留，任何单位和个人不得擅自处理。

需要砍伐已死亡古树名木的，应当向所在地的区、县（市）古树名木行政主管部门提出申请，由市和区、县（市）古树名木行政主管部门根据市人民政府规定的职责分工作出决定。

第二十三条 对于存在古树名木或者古树后续资源的国有建设用地，规划和自然资源主管部门在核发选址意见书或者确定规划条件阶段，应当告知古树名木行政主管部门，并将其提出的古树名木、古树后续资源保护要求纳入建设条件须知。

第二十四条 古树名木的保护范围为树冠垂直投影区以及垂直投影区以外5米区域。古树后续资源的保护范围为树冠垂直投影区以及垂直投影区以外2米区域。

在古树名木或者古树后续资源的保护范围内进行建设施工的,建设单位在施工前应当按照古树名木行政主管部门提出的保护要求制定保护方案,区、县(市)古树名木行政主管部门对保护方案的落实进行指导和督促。

第二十五条 存在古树名木的集体土地,因依法被征收或者农用地转为建设用地的,依照职责负责古树名木保护管理的单位应当及时向古树名木行政主管部门移交古树名木档案资料。

第二十六条 市和区、县(市)人民政府应当定期组织开展古树名木和古树后续资源保护专项评估,区、县(市)的保护专项评估结果应当报送市人民政府备案。

市人民政府对古树名木和古树后续资源保护工作不力、问题突出、群众反映集中的区、县(市)人民政府及其有关部门主要负责人,可以按照有关规定予以通报、约谈,督促其整改。

第二十七条 违反本办法规定的行为,法律、法规、规章已有法律责任规定的,从其规定。

违反本办法规定的行为,已经依法纳入综合行政执法事项目录管理的,由综合行政执法部门或者乡镇人民政府、街道办事处行使相应的行政处罚权。

第二十八条 违反本办法第十条第三款规定,损毁或者擅自移动古树名木和古树后续资源保护标志、保护设施的,由区、县(市)古树名木行政主管部门责令改正,可以处500元以上5000元以下的罚款。

第二十九条 本办法自2024年2月1日起施行。

杭州市城市古树名木日常养护管理技术导则（试行）

（杭园文〔2022〕195号）

1 总则

1.1 为了适应杭州园林绿化事业高质量发展的要求，指导、规范城市古树名木的养护管理，使之更科学、有效，根据《城市古树名木保护管理办法》《浙江省古树名木保护办法》《杭州市城市绿化管理条例》《杭州市人民代表大会常务委员会关于加强古树名木保护工作的决定》《城市古树名木养护和复壮工程技术规范》（GB/T 51168—2016）等国家、省、市相关要求，结合我市实际，制定本导则。

1.2 本导则适用于杭州市城市建成区范围内的古树名木日常养护管理。

1.3 本导则中未涉及的技术内容参照国家、地方和行业相关技术标准执行。

2 定义和术语

2.1 古树名木

古树指树龄在百年以上的树木；名木指珍贵、稀有或具有历史、科学、文化价值以及有重要纪念意义的树木，包括历史和现代名人种植的树木、有重要历史事件、传说及神话故事的树木。

2.2 一级保护

名木和树龄500年（含）以上的古树实行一级保护。

2.3 二级保护

树龄300（含）年以上不满500年的古树实行二级保护。

2.4 三级保护

树龄100（含）年以上不满300年的古树实行三级保护。

2.5 古树名木保护范围

古树名木的保护范围为树冠垂直投影区及垂直投影区以外五米区域。

2.6 土壤酸碱度（pH值）

土壤酸度和碱度的总称，通常用以衡量土壤酸碱反应的强弱，主要由氢离子和氢氧根离子在土壤溶液中的浓度决定。以pH值表示，6.5以下为酸性，6.5~7.5为中性，7.5以上为碱性。

2.7 土壤含盐量

土壤中可溶性盐的总量，通常用百分比表示。

2.8 土壤有机质

土壤中所有含碳有机物质，包括土壤中各种动、植物残体、微生物体及其分解和合成的各种有机物质。

2.9 土壤入渗（渗透）率

土壤水饱和或近饱和条件下单位时间内通过土壤截面向下渗透的水量，又称土壤渗透速率。

2.10 土壤有害物质

指土壤中含有过量盐、碱、酸、油脂、重金属等对植物生长不利的物质。

2.11 罩面

指在树洞洞口用各种材料做的防护层。

2.12 朝天洞

指洞口朝上的树洞。

2.13 侧洞

指洞口朝向基本与地面平行的树洞。

2.14 落地洞

指在根颈处的树洞。

3 管理措施

3.1 养护责任人的确定

每一株古树名木均应当明确养护责任人，具体按照以下原则：城市公共绿地内的古树名木，养护责任人为由区园林绿化管理部门委托的园林绿化专业养护单位；寺庙、机关、部队、企业事业单位等用地范围内的古树名木，养护责任人为该单位；居民私人庭院、住宅小区范围内的古树名木，养护责任人为该业主或者受业主委托进行物业管理的单位。未实行物业管理的，养护责任人为所在社区。

3.2 制定养护计划

养护责任人应当结合树木具体情况制定古树名木年度养护计划，内容包括土壤改良与保护、灌溉与排水、有害生物防治、修剪、施肥、除草、防腐、补洞、保洁、设施维修等。

3.3 巡查要求

3.3.1 巡查范围

古树名木保护区及可能影响其生长的周边区域。

3.3.2 巡查内容

树木主干、大枝是否有空洞或腐烂及积水，主干是否倾斜，枝叶是否有萎蔫现象或受损痕迹，是否有有害生物危害症状，干、枝、叶、花、果是否有不正常的物候变化；古树名木保护区范围及附近是否有水土流失、河岸塌方、保护设施破损、堆物、堆土、开挖、新建的建（构）筑物、水体和空气污染等。

3.3.3 巡查频率

每月不少于1次。

3.3.4 问题处置

发现少量堆土堆物、浇水不当、细微损伤等较小问题的，应及时处理。发现有害生物严重危害、树体逐渐倾斜、生长有衰弱趋势等较大问题时应当请示区园林绿化管理部门后处理。发现较大断枝、倒伏、严重倾斜、枯萎甚至死亡、人为损害、周边建设造成的严重影响等重大问题时，应当报告区园林绿化管理部门，由区园林绿化管理部门组织专家会诊，形成方案报市绿化管理部门审核同意后实施。发现有人为损害古树名木、建设工程侵占古树名木保护区等可能违法的情况时，还应当及时报告综合行政执法部门。

3.3.5 巡查记录

巡查结束后应填写古树名木巡查情况记录表（附表1），记录应当日期无误、记录连贯、事实清楚，并形成年度汇总表（附表3）。

3.4 养护档案

3.4.1 区园林绿化管理部门应当对辖区内古树名木建立完整的古树名木一树一档制度。

3.4.2 档案应当是电子形式与纸质并存，电子档案上传至相关监管网络平台。纸质档案由区园林绿化管理部门留存。

3.4.3 档案内容应当包括年度养护计划、养护作业记录（附表2）、保护复壮记录，涉及周边建设的还应有保护避让相关资料。

3.5 死亡注销

古树名木死亡的，应当由区园林绿化管理部门组织行业内专家进行死亡原因调查（附表4），形成结论后上报市园林绿化管理部门申请注销。一级古树及名木由市绿化行政主管部门上报至省级主管部门注销。调查过程中发现有人为故意行为可能涉嫌违法

的，应当立即移交综合行政执法部门处理。

4 养护技术

4.1 土壤改良与保护

4.1.1 土壤检测

古树名木应定期进行土壤检测，通常3~5年进行一次。当生长环境发生变化及生长势衰弱的古树名木应及时进行土壤检测。土壤检测的主控指标为酸碱度、含盐量、有机质含量、入渗（渗透）率、有害物质含量。土壤检测的取样送样、检测方法、合格标准按照中华人民共和国城镇建设行业标准《绿化种植土壤》（CJ/T 340—2016）执行。

4.1.2 土壤改良

当土壤检测结果不符合植物生长的要求，应进行土壤改良，土壤的改良修复按照中华人民共和国城镇建设行业标准《绿化种植土壤》（CJ/T 340—2016）执行。

4.1.3 施肥

施肥应当根据古树名木树种、树龄、生长势和土壤检测结果等条件而定。一般宜在冬季沟施、穴施充分腐熟的有机肥为主。施肥的位置应在古树名木树冠垂直投影的近外缘区域，每年轮换。

4.1.4 地被覆盖

古树名木保护范围内应谨慎选择地被植物，宜采用粉碎后经杀菌、杀虫处理的树皮、树枝等有机物覆盖，禁止种植地下根系发达的植物。

4.2 灌溉与排水

4.2.1 灌溉

土壤干旱时应当进行灌溉。夏季灌溉时间应在早晨或傍晚，不宜在中午温度较高时进行。

4.2.2 排水

排水应根据地势采用自然排水方式。当周边地形明显高于古树名木保护范围的，应当设置排水沟并使用水泵进行强排。

4.3 有害生物防治

4.3.1 检查

在病虫害高发期应加强检查，观察古树名木生长状况。发现叶片有缺刻、畸形、失绿、虫巢、煤污或白粉等；发现枝干有新孔洞、新枯枝、明显排泄物或明显附着物等；发现有恶性杂草、攀缘性杂草及附生、寄生植物。应做好检查时间、发生症状、发生程度等相关记录。

4.3.2 防治技术

4.3.2.1 人工防治

清除古树名木保护范围内的杂草及附生植物；去除悬挂或依附在古树名木上的虫茧、虫囊、虫巢、虫瘿、卵块以及病枝、病叶等；剪除并销毁孵化初期尚未分散危害的带幼虫枝叶；在钻蛀性害虫的卵、幼虫发生期，可及时消灭卵、钩除幼虫，羽化后人工捕捉。

4.3.2.2 物理防治

可利用害虫的趋色性、趋光性、趋化性，设置色板、灯光，利用性信息素、诱饵等进行诱杀。

4.3.2.3 生物防治

利用生态系统中各种生物之间相互依存、相互制约的生态学现象和某些生物学特性，释放益虫、有益菌，达到以虫治虫、以菌治虫。

4.3.2.4 化学防治

应掌握在病虫害防治适期，使用高效、低毒、低残留药剂，根据病虫害特性和药剂使用说明使用药剂。

4.4 防腐与树洞修补

4.4.1 防腐

古树名木的腐烂处应进行清腐处理，定期处理。采用适宜工具，清腐应完全，不伤及新鲜活体组织。清腐后裸露的活体组织应杀菌、杀虫，待干燥后还应涂防腐剂。

4.4.2 树洞导流

做好树洞内积水的导流。

4.4.3 树洞修补

雨水容易进入且难以导流的朝天洞应当在防腐后进行修补或加装防护罩。树洞修补一般不在树洞内部填充，仅做封闭的罩面，树洞较大时应用钢筋做支撑加固。罩面四周必须低于沿口树皮，中间略高，倾斜不积水。侧洞、落地洞一般不做修补。

4.5 修剪

4.5.1 基本原则

应当遵循有利于树木生长和复壮的原则，可以适当保留体现古树自然风貌的无危险枯枝，有安全隐患的树枝及时修剪。

4.5.2 作业要求

上树作业人员应当配备安全带、安全帽，地面作业的人员应当戴安全帽。疏枝应当保留枝条末端膨大的部分。直径较大枝修剪，应当先在确定锯口位置的下口锯过韧皮部，后在枝条上

口锯断。直径大于50mm的截口应涂抹伤口愈合剂。保留的无安全隐患枯枝应当进行防腐处理。

4.6 加固

4.6.1 一般规定

树体明显倾斜、树洞影响树体牢固,或处于河岸、高坡风口、易遭风折或倒伏的树木应加固。树木加固应根据古树名木的形态和现场环境,因地制宜,应采用支撑、拉攀等形式。埋设加固基础不得伤根,加固设施与树体之间需加橡胶等软质垫层。

4.6.2 加固形式

树体较小低矮倾斜的树木宜采用置石或仿真树形式支撑。树体高大倾斜的树木应采用钢管或现浇内有钢筋的水泥柱支撑,结合钢丝绳拉攀加固。

4.6.3 维护管理

应定期检查,发现破损及时修复。及时调节支撑和树体的接触面,支撑物不得嵌入树体。

4.7 防雷设施

4.7.1 适用范围

处于人员密集的公共场所中孤立高耸、生长在水边或特别潮湿处、曾遭受过雷击的古树名木应当设立防雷设施。

4.7.2 技术措施

防雷设施的技术标准参照《建筑物防雷设计规范》(GB 50057—2010)执行。

4.7.3 维护管理

应当指派雷电防护技术的专业管理人员管理。在每年雷雨季节来临之前应对防雷设施全面检查,发现问题及时修复。

5 防灾减灾

根据本地气象台灾害性天气预警信息启动相应防灾减灾措施。

5.1 大雨

暴雨来临前应检查排水设施。暴雨后进行时应安排人员巡查,发现有较大积水时应当采取临时性强排措施。

5.2 台风

在台风季节前应对所有古树名木做好临时性加固措施(已设置固定支撑的除外),支撑杆应当有明显的警示标志。

5.3 降雪

降雪来临前落实除雪人员,降雪进行时应组织人员及时除雪,雪后及时清理压断的枝叶。

附表 1

古树名木巡查情况记录表

树种		编号		树龄	
地点			巡查人		
整体生长情况：					
空洞腐烂：					
主干倾斜：					
枝叶受损：					
病虫害：					
周边情况：					
其他：					
建议：					

日期：

附表 2

古树名木养护作业记录表

树种		编号		树龄	
地点		作业单位			

作业内容：

作业人：

日期：

附表3

古树名木巡查情况记录年度汇总表（　　年）

树种_____　编号_____　树龄_____　地点_____

巡查日期	发现问题		巡查人	备注

附表 4

古树名木死亡原因调查表

树种		编号		树龄	
地点			死亡时间		
死亡原因：					
调查组：（签字）					
区级主管部门意见：		市级主管部门意见：		省级主管部门意见：	